KB047067

모터사이클
구조 원리
교 과 서

COLOR ZUKAI DE WAKARU BIKE NO SHIKUMI

Copyright © 2009 Katsuhiko Ichikawa All right reserved.

No part of this book may be used or reproduced in any manner
whatsoever without written permission except in the case of brief quotations
embodied in critical articles and reviews.

Originally published in Japan in 2009 by SB Creative Corp.
Korean Translation Copyright © 2023 by BONUS Publishing Co.
Korean edition is published by arrangement with SB Creative Corp. through BC Agency.

이 책의 한국어판 저작권은 BC 에이전시를 통한 저작권자와의 독점 계약으로 보누스출판사에 있습니다.
저작권법에 의해 한국 내에서 보호를 받는 저작물이므로 무단전재와 무단복제를 금합니다.

모터사이클
구조 원리
교 과 서

라이더의 심장을 울리는
모터바이크 메커니즘 해설

이치카와 가쓰히코 지음
조정호 감수 | **김정환** 옮김

보누스

온몸으로 바람을 맞으며 당당하게 달리는 모터사이클. 주위 사람들의 눈에는 분명 멋있게 보이겠지만, 모터사이클은 결코 쾌적한 탈것이라고 할 수 없다. 비에 젖고, 배기가스를 들이마시고, 여름에는 덥고, 겨울에는 추위에 손발이 얼어붙는다. 요컨대 그다지 '우수한' 탈것은 아니다. 그럼에도 많은 사람이 모터사이클을 탄다. 그 이유는 무엇일까?

뭔가 대단한 이유가 숨어 있는 것은 아니다. 단지 모터사이클이 재미있고 기분 좋은 탈것이기 때문이다. 탈 때마다 고생스러운데도 재미있고 기분이 좋다니 묘하지만, 모터사이클에는 감성에 호소해 많은 이를 사로잡는 매력이 있다.

모터사이클은 라이더(rider)가 외부에 몸을 노출한 상태로 승차해 온몸을 써서 조종해야 한다. 실제로 타보면 손발의 움직임만으로 운전할 수 있는 자동차와는 전혀 다른 차원의 탈것이라는 사실을 알 수 있다. 모터사이클을 흔히 승마에 비유한다. 모터사이클과 함께 바람을 맞고, 모터사이클의 호흡을 느끼며, 모터사이클과 하나가 되어 달리기 때문이다. 외부에 몸을 노출한 라이더는 주위의 기온을 몸으로 느끼고, 지금 달리고 있는 장소의 공기를 들이마시며 여러 가지 냄새에 후각을 자극받는다. 이 같은 주행 체험은 이동한다는 실감을 더욱 농밀하게 만든다. 그렇기에 모터사이클을 타고 주행을 나가면 '꽤 멀리까지 왔구나!'라고 느낀다.

또한 모터사이클은 온몸을 써서 운전하기 때문에 일체감을 강하게 느낄 수 있다. 라이더 자신이 모터사이클의 일부가 되어 달린다는 감각은 마치 신체 기능이 확장된 듯한 착각을 불러일으키며, 자신의 능력이 향상된 것 같은 기쁨을 준다.

그런데 곤란하게도 모터사이클은 누구나 간단히 운전할 수 있는 탈것이 아니다.

초보자도 어찌어찌 운전할 수 있는 자동차와 달리, 모터사이클을 타려면 어느 정도의 기술이 요구된다. 모터사이클과 자동차의 결정적인 차이점은 라이더가 온몸을 써서 조종한다는 데 있다. 모터사이클은 손이나 발로 스로틀과 브레이크를 조작할 뿐만 아니라 전후좌우로 하중을 이동해야 하는 등 몸 전체를 사용해 조종한다. 스로틀이나 브레이크도 자동차보다 섬세한 조작이 필요하며, 여기에 조작과 하중 이동을 적절히 조화시켜야 한다.

예를 들어 코너를 선회할 때 자동차는 그저 핸들을 돌리면 되지만 모터사이클은 차체를 기울이는 동작이 필요하다. 운전학원에서는 "몸을 기울여서 하중을 이동해야 선회합니다."라고 가르치지만, 처음에는 어떻게 해야 몸을 기울일 수 있고 하중을 이동할 수 있는지 알지 못한다. 물론 모터사이클에는 차체를 기울이기 위한 장치 따위는 없으므로 구체적인 방법은 몸으로 익히는 수밖에 없다.

요컨대 모터사이클은 스포츠와 마찬가지로 요령이 중요하다. 스포츠가 그렇듯이 요령을 파악한 순간 그전과는 비교할 수 없을 만큼 움직임이 매끄러워지며 실력이 크게 향상된다. 그러나 요령을 파악하기까지는 아무래도 일정 수준의 경험이 필요하다.

그리고 경험과 함께 중요한 것이 '모터사이클의 구조'를 아는 일이다. 모터사이클의 구조를 아는 일은 모터사이클의 움직임을 이해하는 길로 이어지며, 그러면 틀림없이 기술 향상을 앞당길 수 있을 것이다.

이 책을 쓰면서 단순히 모터사이클의 구조를 설명하는 데 그치지 않고 각 메커니즘의 역할과 다른 메커니즘과의 관계 등을 알 수 있도록 힘썼다. 멋진 사진과 정밀한 일러스트를 활용해 보기 쉽게, 이해하기 쉽게 만드는 데도 역점을 두었다.

이동 도구로서 자동차가 많은 주목을 받는 시대이지만, 모터사이클도 여전히 인간의 마음을 자극해 즐거움을 주는 중요한 탈것이다. 이 책이 모터사이클을 최대한으로 즐기고 싶은 사람과 앞으로 모터사이클을 타려고 마음먹은 사람에게 조금이라도 도움이 된다면 기쁠 것이다.

이 책을 집필하면서 많은 모터사이클 제조 회사 여러분과 편집자 이시이 겐이치 씨에게 많은 도움을 받았다. 이 자리를 빌려 깊은 감사의 인사를 전한다.

이치카와 가쓰히코

차 례

Chapter 3 **구동 시스템의 구조**

Chapter 4 **차체의 구조**

Chapter 5 바퀴 주변의 구조

Chapter 6 안전과 친환경

Chapter 1

엔진의 구조

'엔진'은 모터사이클의 심장부다. 여기에서는 엔진이 힘을 만들어내는 원리, 모터사이클에 사용되는 엔진의 종류, 엔진 내부에 사용되는 중요한 부품 등을 해설한다. 또 마력과 토크의 차이, 최고 속도와 가속 성능의 관계도 설명한다.

자료 : 야마하발동기

야마하가 자랑하는 슈퍼 스포츠 'YZF-R1'의 심장부. 피스톤이 크랭크축을 돌리면 왕복 운동은 회전 운동으로 바뀌어 뒷바퀴를 돌린다.

1-1 엔진의 원리
왜 연료를 태우면 동력이 생길까?

모터사이클의 엔진은 연료인 휘발유를 태워 동력을 얻는다. 더 자세히 말하면 휘발유와 공기를 섞은 것에 불을 붙여서 태우고, 그 결과 연소한 가스가 열에너지를 내뿜는다. 이때 발생한 열 때문에 가스가 팽창하는 힘을 이용한다. 휘발유로부터 '열에너지'를 얻어서 동력이 되는 '운동 에너지'를 뽑아내는 메커니즘이라고 할 수 있다.

이와 같이 열에너지를 운동 에너지로 바꾸는, 즉 '열에서 동력을 얻는 장치'를 일반적으로 열기관이라고 한다. 열기관에는 연료를 태우는 방식에 따라 내연 기관과 외연 기관이 있다. 내연 기관은 모터사이클의 엔진처럼 연료를 내부에 가두고 연소시키는데, 연료 자체가 연소 가스가 되어 힘을 만들어낸다. 크기가 작고 가벼우며, 열을 효율 좋게 운동 에너지로 바꿀 수 있지만 사용할 수 있는 연료가 제한된다는 단점이 있다.

외연 기관은 연료를 밖에서 태워 내부의 기체에 열을 가하는 방식이다. 석탄을 태워서 수증기를 팽창시키고, 그 힘을 사용하는 증기 기관은 대표적인 외연 기관이다. 외연 기관의 단점은 작고 가볍게 만들기가 어렵다는 것이다. 한편 기체, 액체, 고체 등 다양한 연료를 사용할 수 있다는 장점이 있다. 특수한 예이지만 원자력 발전기도 외연 기관의 일종이라고 할 수 있다.

증기 기관을 이용한 모터사이클은 볼 수 없을 것이다. 사실 19세기에는 증기 기관을 탑재한 모터사이클과 비슷한 탈것이 만들어지기도 했다. 다만 당시 이미 실용 단계에 이르렀던 증기 자동차와 달리 증기 모터사이클은 보급되지 못했다. 크고 무거운 증기 기관을 모터사이클에 탑재하기에는 문제가 많았던 것이다. 그래서 처음부터 내연 기관을 탑재했다.

고성능 모터사이클의 엔진 내부

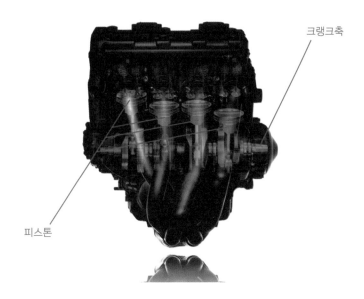

크랭크축

피스톤

휘발유 엔진은 엔진 내부에 있는 실린더에서 휘발유를 태워 힘을 발생시킨다. 따라서 내연 기관에 속한다.

자료 : 야마하발동기

가스도 내연 기관의 연료로 사용한다

전쟁의 영향으로 연료 부족에 빠진 과거에 한국과 일본에서는 목탄을 연료로 사용하는 '목탄 버스'가 길 위를 달렸다. 다만 목탄을 연료로 증기 기관을 움직이는 방식은 아니었다. 밀폐된 곳에 둔 목탄을 간접적으로 가열해 일산화탄소를 발생시키고, 그 가스를 엔진 연료로 삼았다. 엔진 연료라고 하면 휘발유나 경유 같은 액체 연료를 떠올리겠지만, 가스도 내연 기관의 연료로 사용한다. 지금도 택시에는 LPG(Liquefied Petroleum Gas. 액화석유가스)를 많이 사용하며, 일부 차량에는 CNG(Compressed Natural Gas. 압축천연가스)도 이용한다. 그러나 가스로 달리는 모터사이클은 볼 수 없다.

MOTORCYCLE

1-2 엔진의 종류
모터사이클에는 어떤 엔진을 사용할까?

모터사이클 엔진은 내연 기관의 일종인데, 내연 기관에도 여러 종류가 있으며 더욱 세분화할 수 있다. 그렇다면 모터사이클 엔진은 어떤 것일까? 내연 기관 중에서도 리시프로 엔진을 모터사이클에 사용한다. 리시프로라는 명칭은 '왕복 운동'을 의미하는 영단어 'reciprocating'에서 유래했는데, 피스톤이 왕복 운동을 한다고 해서 그렇게 부른다. 참고로 '로터리 엔진'은 피스톤 대신 로터를 사용해 회전 운동을 직접 끌어내는 구조로, 리시프로 엔진이 아니다.

리시프로 엔진은 다시 '휘발유 엔진'과 '디젤 엔진'으로 나뉜다. 휘발유 엔진은 10분의 1 정도로 압축한 혼합기를 점화 플러그로 불을 붙여서 연소시키는 불꽃 점화식 엔진이다. 휘발유를 연료로 사용하기 때문에 휘발유 엔진이라고 부른다. 휘발유 엔진에는 4행정과 2행정이 있는데, 현재는 4행정 엔진이 대부분을 차지하고 있다. 2행정 엔진은 여러 가지 이점이 있어서 소배기량 엔진을 중심으로 오랫동안 사용되었지만 환경 대응이 어려워서 지금은 극히 일부의 모터사이클에만 사용하고 있다.

디젤 엔진은 공기를 20분의 1 정도까지 강하게 압축하고 그곳에 연료인 경유를 분사해 연소시키는 엔진이다. 강하게 압축된 공기는 온도가 섭씨 600도 정도까지 올라가며 이 열로 연료에 불을 붙이기 때문에 자기 착화 엔진이라고도 부른다. 휘발유 엔진보다 효율은 좋지만 크고 무거운데다 진동도 커서 모터사이클과는 궁합이 좋지 않다.

로터리 엔진을 탑재한 모터사이클

엔진   거대한 라디에이터

로터리 엔진을 탑재한 양산 모터사이클은 1974년에 발매(수출 전용)된 스즈키(당시는 스즈키 자동차 공업)의 'RE-5'가 유일하다.

자료 : 스즈키

로터리 엔진이나 디젤 엔진을 사용하는 모터사이클

"기술자라는 존재는 가능성이 조금이라도 있으면 일단 도전하고 본다."라는 말처럼 과거에는 모터사이클에 로터리 엔진이나 디젤 엔진을 탑재하려는 시도가 있었다. 하지만 안타깝게도 보급은 되지 않았다. 주로 트럭이나 버스에서 사용하는 디젤 엔진은 그렇다 치더라도 진동이 적고 고회전까지 부드럽게 상승하는 특성을 지닌 로터리 엔진은 스포츠카에도 사용한 적이 있다는 점을 생각하면 모터사이클에 적합할 것 같은데 현실은 그렇지 않았다. 결국 당시 기술로는 4행정이나 2행정 등의 리시프로 엔진을 이길 수가 없어 도태되고 말았다.

MOTORCYCLE

17

1-3 엔진의 성립
엔진은 에너지를 변환하는 기계 장치

엔진이란 연료의 화학 에너지를 열에너지로 바꾸고, 그 열에너지를 다시 운동 에너지로 바꾸는 장치다. 요컨대 '에너지를 변환'하는 기계 장치라고 할 수 있다. 화학 에너지를 열에너지로 바꾸기 위해 '연료를 연소'시키고, 열에너지를 운동 에너지로 바꾸기 위해 연소될 때의 압력으로 피스톤을 움직여 동력을 뽑아내는 것이다.

연료 연소는 주로 엔진의 상반부, 즉 실린더와 피스톤을 중심으로 구성된 기계 장치에서 일어난다. 여기에서는 연료를 실린더에 공급하고, 실린더 안에서 연소시키며, 타고 남은 가스를 밖으로 배출하는 일을 담당한다.

연료를 엔진에 공급하는 것은 기화기(카뷰레터)나 연료 인젝션 같은 흡기 시스템의 역할이다. 연료를 공기와 섞어서 혼합기를 만들어 실린더 안으로 보낸다. 실린더에 들어간 혼합기는 피스톤에 압축된 뒤 불이 붙어서 연소하고 팽창해 피스톤을 강하게 밀어 내린다. 그리고 타고 남은 가스는 배기가스가 되어 실린더 밖으로 나가는데, 이 배기가스를 원활하게 끄집어내고 소음과 유해 물질을 억제하는 것이 머플러 등으로 불리는 배기 시스템이다.

한편 '연소되는 연료에서 동력을 뽑아내는' 일은 주로 엔진의 하반부인 피스톤과 크랭크축, 이 둘을 연결하는 커넥팅 로드(연결봉)의 역할이다. 연료 연소가 일으킨 압력에 피스톤이 밀려 내려가고, 그 힘은 커넥팅 로드를 통해 크랭크축에 전달된다. 이때 피스톤의 직선 운동은 크랭크축에서 회전 운동으로 바뀌어 엔진의 동력이 된다.

흡기 시스템 → 엔진 → 배기 시스템의 흐름

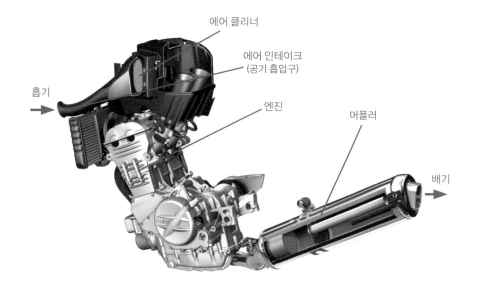

에어 클리너

에어 인테이크
(공기 흡입구)

흡기

엔진

머플러

배기

엔진 성능을 향상하는 일은 엔진 본체와 함께 공기 또는 연료를 보내는 흡기 시스템이나 연소를 마친 가스를 내보내는 배기 시스템의 성능과 큰 관계가 있다.

자료 : BMW

엔진의 원리는 인간과 같다?

'연료를 연소시켜 에너지를 얻은 뒤 타고 남은 가스를 배출한다'는 엔진의 원리는 인간 같은 동물이 음식물에서 에너지를 얻는 원리와 비슷하다. 엔진은 연료에서 에너지를 얻고 동물은 양분에서 에너지를 얻는다. 표현은 다르지만, 유기물과 산소의 산화 반응으로 에너지를 얻는 것은 양쪽 모두 똑같다. 따라서 에너지를 얻는 과정 중에 물과 이산화탄소가 배출되는 것도 똑같은데, 이것은 증기 기관에도 해당하는 이야기다.

19

1-4 배기량과 압축비
배기량은 배기가스의 양이 아니다?

엔진의 크기를 나타낼 때 50cc나 400cc 같은 배기량을 사용한다. 배기량을 문자 그대로 해석하면 '배기가스의 양을 나타내는 수치'로 읽을 수 있는데, 구체적으로는 어떨까?

먼저 배기량의 정의부터 살펴보면, 배기량이란 '피스톤이 하사점(下死點)에서 상사점(上死點)까지 움직일 때 배출되는 기체의 부피'를 가리킨다. 요컨대 피스톤에 밀려나는 기체의 부피라는 말이다. 그러나 이 시점에 '배기량은 배기가스의 양을 말하나?'라고 생각하는 것은 섣부른 판단이다. 실제 배기가스의 양은 열에 따른 팽창도 감안해야 하기 때문에 실제 배기량과는 달라지기 때문이다.

배기량이란 배기가스의 양을 가리키는 것이 아니라 어디까지나 피스톤이 움직이는 범위의 실린더 용적을 나타내는 것으로, 굳이 따지자면 엔진이 들이마시는 공기량에 가깝다. 실린더 하나 분량의 배기량은 실린더의 직경과 하사점에서 상사점까지의 거리인 피스톤의 '행정'(스트로크)을 이용해 원기둥의 용적으로 계산할 수 있다. 그리고 이 값에 실린더의 수를 곱하면 엔진 전체의 배기량이 되며, 이것이 총배기량이다.

또 피스톤이 하사점에서 상사점으로 이동하는 동안 실린더 안의 기체를 얼마나 압축하는지를 나타내는 값이 압축비다. 4행정 엔진의 경우 '피스톤이 하사점에 있을 때의 용적과 피스톤이 상사점에 있을 때의 용적의 비'로 표현하며, 배기량에 연소실의 용적을 더하고 이것을 연소실의 용적으로 나눠서 구할 수 있다. 일반적으로 압축비가 클수록 큰 힘을 얻을 수 있지만 휘발유 엔진의 경우 지나치게 압축하면 노킹(knocking) 같은 이상 현상이 발생하기 때문에 일반적인 압축비는 10 전후다.

실린더 직경과 행정의 관계

실린더 내부

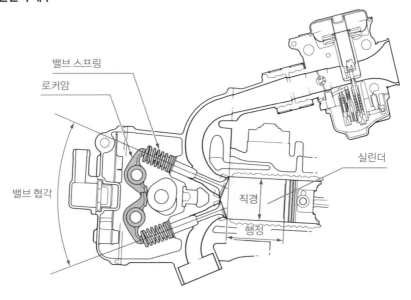

밸브 스프링
로커암
밸브 협각
직경
행정
실린더

오른쪽의 노란색 부분이 실린더다. 실린더 직경이나 행정이 다르면 설령 배기량이 같아도 파워나 엔진의 회전성 등에 차이가 생긴다.

자료 : 혼다기연공업

하사점과 상사점

피스톤은 실린더 안을 왕복 운동한다. 그래서 아래를 향해 움직이는 피스톤은 어딘가에서 움직임을 멈추고 위로 향하며, 반대로 위를 향해 움직이는 피스톤은 어느 지점에서 방향을 바꿔 아래로 움직인다. 하사점은 피스톤이 최대한 하강해 하향에서 상향으로 움직임을 바꾸는 지점이며, 상사점은 반대로 피스톤이 최대한 상승한 지점이다. 요컨대 움직이는 방향을 바꾸는 위치를 가리킨다. 하사점과 상사점 모두 움직이는 방향을 바꾸기 위해 일순간 피스톤의 움직임이 멈추기 때문에 '사점'(死點)으로 불린다.

4행정 엔진의 구조
연료를 규칙적으로 태우는 4행정 엔진

휘발유 엔진은 혼합기(공기와 연료의 증기를 혼합한 가스)를 빨아들이는 '흡기', 혼합기를 잘 타도록 압축하는 '압축', 혼합기에 불을 붙여서 태우는 '연소', 타고 남은 가스를 배출하는 '배기'라는 연소 사이클을 반복하며 움직인다. 이 일련의 과정을 '4행정 엔진'은 피스톤이 2왕복(엔진 2회전)하는 사이에 실행하고, '2행정 엔진'은 피스톤이 1왕복(엔진 1회전) 하는 사이에 실행한다. 4행정 엔진은 엄밀히는 4행정 1사이클 엔진이라고 하며, 이것을 생략해서 4행정 엔진이나 4사이클 엔진이라고 부른다.

4행정 엔진의 경우 피스톤이 4행정을 할 때마다 1연소 사이클의 각 과정을 실행한다. ① 피스톤이 하강할 때 흡기 밸브가 열려 혼합기를 흡입, ② 피스톤이 상승해 혼합기를 압축, ③ 혼합기에 불을 붙여 연소시키고, 연소 가스가 팽창함에 따라 피스톤이 하강, ④ 피스톤의 움직임이 상승으로 전환되면 배기 밸브가 열려서 배기한다.

연소 전의 혼합기와 연소 후의 배기가스가 질서정연하게 들어오고 나가는 합리적인 구조다. 다만 엔진 2회전당 1회 연소인 까닭에 1회전당 1회 연소인 2행정 엔진보다 힘이 약하고 흡배기를 조절하는 밸브의 메커니즘이 필요하다. 이 탓에 엔진이 크고 복잡해진다는 약점을 안고 있다. 그래서 예전에는 2행정 엔진이 우세했지만, 이후 연비가 우수하고 배기가스가 깨끗하다는 점 등이 높게 평가받아 지금은 완전히 4행정 엔진 천하가 되었다.

흡기에서 배기까지의 움직임(4행정)

4행정 엔진

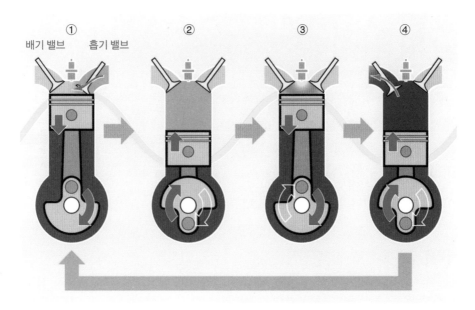

4행정 엔진은 2회전에 1회 연소를 실행한다. 효율이 나쁠 것 같은 이 구조가 배기가스를 좀 더 깨끗하게 만들어 준다.

자료 : 혼다기연공업

행정이란?

'행정'은 스트로크(stroke)라고도 하며, 피스톤의 상사점에서 하사점 또는 하사점에서 상사점까지의 움직임, 혹은 이동하는 거리를 가리킨다. 1행정은 편도 1회를 가리키므로 피스톤이 2왕복 하면 4행정이며, 이사이에 연소 사이클 1회를 완료하는 엔진을 4행정 엔진이라고 한다. 엔진은 피스톤이 1왕복 하면 1회전하기 때문에 4행정 엔진은 엔진이 2회전할 때마다 1회 연소를 한다. 그리고 2행정 엔진은 2행정(엔진 1회전)하는 사이에 1회 연소한다.

2행정 엔진의 구조
간단한 구조로 큰 힘을 얻을 수 있다

2행정 엔진은 작고 가볍지만 강력한 힘을 낸다는 것이 장점이다. 엔진이 1회전할 때마다 연소하기 때문에 힘이 강하며, 4행정 엔진과 달리 밸브 기구가 필요 없어 경량화가 가능한 덕분이다. 반면에 단점으로는 연비가 나쁘고 배기가스가 지저분하다는 점을 들 수 있는데, 이것은 2행정 엔진의 독특한 구조에서 기인한다.

2행정 엔진은 실린더 벽면에 있는 포트(port)라고 부르는 구멍을 사용해 흡기와 배기를 실시한다. 포트는 실린더 아래쪽에 있어서, 피스톤의 윗면이 포트의 위치보다 내려가면 개방되고 포트의 위치보다 높아지면 막히게 되어 있다. 피스톤이 상사점에 이르러 압축이 종료되면 연소 때문에 피스톤이 밀려 내려간다. 그리고 2행정 엔진이라면 하강 도중에 배기 포트가 나타나 배기가 시작된다. 이어서 혼합기를 받아들이는 소기(掃氣) 포트가 나타나 배기와 함께 흡입을 개시한다. 하사점을 지나 피스톤이 상승하면 이번에는 소기 포트, 배기 포트의 순서로 막히며 상승 도중에 압축이 시작된다. 요컨대 피스톤이 위쪽에 있을 때 압축과 연소, 아래쪽에 있을 때 흡기와 배기가 일어난다.

여기에서 문제는 흡기와 배기를 동시에 실시한다는 점이다. 배기가스와 함께 새로운 혼합기도 일부 배출되기 때문에 아무래도 연비가 나빠지고 배기가스 속의 유해 물질이 늘어난다. 이것은 블로바이(Blow-by)라고 부르는 현상으로, 배기가스의 압력을 이용해 새로운 혼합기를 되미는 방식을 대책으로 강구하고 있지만 4행정 엔진처럼 배기가스를 깨끗하게 만들지는 못한다.

흡기에서 배기까지의 움직임(2행정)

2행정 엔진

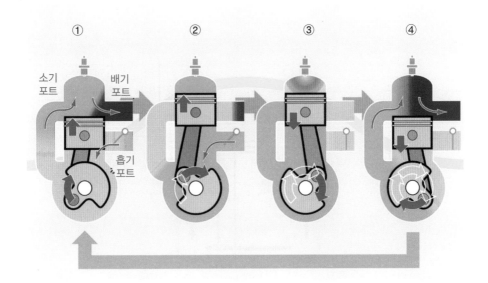

2행정 엔진에서는 혼합기가 일단 크랭크 케이스 안으로 들어가 미리 가볍게 압축된 뒤에 실린더로 들어간다.

자료 : 혼다기연공업

2행정 엔진은 두 번 압축한다

2행정 엔진은 구조상 혼합기가 실린더 안으로 자연스럽게 빨려 들어가지 않는다. 그래서 미리 혼합기를 가볍게 압축해서 이 압력을 이용해 소기 포트로 흘러들어 가게 한다. 이 '예비 압축'은 크랭크 케이스에서 실시한다. 크랭크 케이스(피스톤 아래쪽)는 피스톤의 상승과 함께 압력이 낮아지는데, 이것을 이용해 혼합기를 먼저 크랭크 케이스 안으로 빨아들인다. 그리고 피스톤이 하강할 때 혼합기가 압축되며, 실린더의 벽에 있는 소기 포트가 개방된 순간에 혼합기는 자신의 압력을 이용해 실린더 안으로 흘러든다.

MOTORCYCLE

출력과 토크

(1-7)

출력과 토크는 무엇이 어떻게 다를까?

용어는 알고 있지만 잘 이해가 안 되는 것이 '출력'과 '토크'의 정확한 의미다. 무심코 사용하는데, 대체 어떤 의미일까?

출력은 간단히 말하면 '엔진이 만들어내는 힘'이다. 이것은 문자 그대로 해석해도 상상이 간다. 그리고 토크는 흔히 '회전시키는 힘'으로 불린다. 양쪽 모두 '힘'이므로 무엇이 다른지 잘 이해가 안 되는 것도 당연하다.

출력과 토크 모두 '힘'이지만, 출력은 '파워'(power)이고 토크는 '포스'(force)다. 똑같이 힘이란 말로 번역되지만 서로 다른 의미가 있기 때문에 혼란이 발생하는 것이다.

파워를 의미하는 출력은 역학에서 말하는 '일률'(power)로, '일정 시간 안에 얼마나 일을 할 수 있는가'를 나타낸다. 여기에서 말하는 일은 힘(포스)의 크기×물체가 움직인 거리다. 가령 엔진이라면 어느 정도의 토크로 얼마나 돌았는가, 즉 '토크의 크기×회전수'로 결정된다. 그리고 일정 시간 내의 회전수를 알면 '그사이에 할 수 있는 일=일률(출력)'을 얻을 수 있다. 정확히 말하면 출력과 토크의 관계는 '출력(kW)=토크(Nm)×회전수(rpm)'가 된다.

따라서 어떤 출력을 얻으려 할 때 만약 토크가 작다면 회전수를 늘리고, 토크가 크면 회전수는 적어도 된다. 또 토크가 같다면 회전수가 높을수록 출력이 커진다. 이것이 고출력 엔진이 고회전으로 돌아가도록 만들어진 이유다.

출력과 토크의 관계

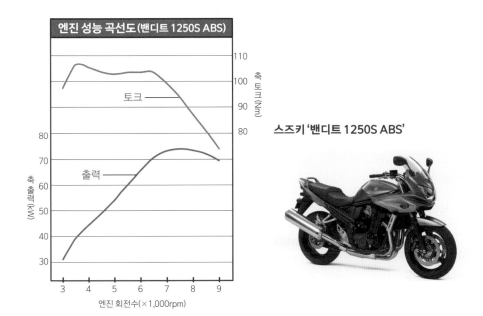

엔진 성능 곡선도(밴디트 1250S ABS)

토크

출력

축 토크 (Nm)

축 출력 (kW)

110
100
90
80
70
60
50
40
30

3 4 5 6 7 8 9

엔진 회전수(×1,000rpm)

스즈키 '밴디트 1250S ABS'

그래프를 보면 토크 곡선은 3,500rpm을 정점으로 하강한다. 그러나 출력은 '토크×회전수'이기 때문에 출력 곡선은 그 후에도 계속 상승한다.

자료 : 스즈키

성능 곡선과 엔진 특성

카탈로그에서 볼 수 있는 '엔진 성능 곡선'은 엔진 회전수와 출력 또는 토크와의 관계를 두 곡선으로 나타내어 엔진의 성능을 알고 싶을 때 유용하다. 토크를 나타내는 곡선의 커브가 완만할수록 회전수에 따른 토크 차이가 적어 다루기 쉬운 엔진임을 나타낸다. 이와 같은 특성을 가진 엔진은 '토크 중시형' 또는 '플랫 토크형'이라고 불린다. 반대로 회전수가 많을수록 토크도 커져서 토크 곡선이 급한 커브를 그리는 것은 '출력 중시형'의 고회전 엔진이다. 성능은 우수하지만 다루기가 어려운 기계 장치라고 할 수 있다.

MOTORCYCLE

1-8 최고 속도와 엔진 파워
엔진 파워의 크기가 최고 속도를 결정한다?

어떤 힘이 작용하지 않는 한, 움직이는 것은 계속 움직인다는 관성 법칙에 따르면 모터사이클이 일정한 속도로 달릴 때는 엔진 힘이 필요 없어야 한다. 그러나 주행 중인 모터사이클에는 움직임을 방해하는 힘, 즉 주행 저항이 작용하기 때문에 아무 것도 안하면 속도가 떨어진다. 그래서 주행 저항에 지지 않도록 스로틀(throttle. 흡입 공기량을 조절하는 판)을 개방할 필요가 있다.

주행 저항은 발생 원인에 따라 몇 가지로 분류할 수 있다. 타이어가 노면을 구를 때 발생하는 '구름 저항', 공기를 밀어내서 발생하는 '공기 저항' 그리고 '구배 저항'과 '가속 저항' 등이 있다. 이 가운데 구름 저항과 공기 저항은 달릴 때 반드시 발생하는 저항으로, 공기 저항은 속도의 제곱에 비례해 커지기 때문에 속도가 높아짐에 따라 급격히 증가한다. 시속 100킬로미터가 넘는 영역에서는 공기가 벽이 되어 앞을 가로막기 때문에 단순히 속도를 유지하는 데만도 큰 힘이 필요하다. 그래서 고속 투어러(장거리 여행용 모터사이클)는 공기 성능을 중시한다.

그런 상태에서도 엔진에 여유가 있으면 스로틀을 더욱 개방해서 모터사이클을 가속시킬 수 있다. 만약 더 가속하고 싶으면 시프트다운(shift down)으로 엔진 회전수를 높여 구동력을 늘리면 된다. 그러나 속도가 계속 빨라지다 보면 언젠가는 구동력과 주행 성능이 균형을 이뤄 가속할 수 없는 시기가 찾아온다. 어떤 기어로 스로틀을 전부 개방해도 속도를 유지하는 것이 고작인 상태다. 이때의 속도가 그 모터사이클의 최고 속도가 된다. 요컨대 최고 속도는 모터사이클이 낼 수 있는 구동력과 주행 저항이 균형을 이루는 상태다.

최고 속도와 엔진 회전수의 관계

혼다 '에이프 50'의 차속 그래프

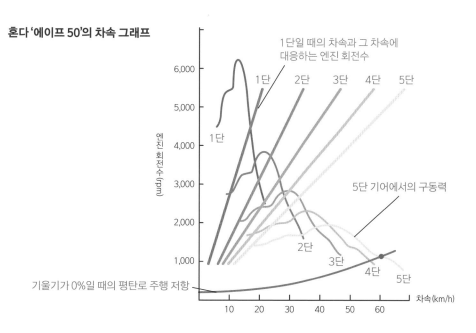

5단 기어의 구동력을 나타내는 산 모양의 곡선(옅은 자주색)과 평탄로 주행 저항을 나타내는 곡선(오른쪽으로 상승하는 녹색 선)과의 교점(빨간색)이 5단 기어의 최고 속도가 된다. 여기에서 최고 속도일 때의 엔진 회전수도 알 수 있다.

자료 : 혼다기연공업

주행 성능 곡선으로 보는 클로즈 레이시오

위 그래프는 '각 기어에서의 구동력'(산 모양을 한 곡선) '다양한 기울기(%로 표시)에서의 주행 저항'(오른쪽으로 올라가는 곡선) '각 기어에서의 엔진 회전수'(오른쪽으로 올라가는 직선) 등과 속도와의 관계를 보여준다. 구동력 그래프를 보기 바란다. 어떤 속도로 주행 중에 어떤 기어에서 1단을 '시프트 업'했다고 가정하자. 그러면 시프트 업을 한 기어의 구동력은 한 단계 아래에 있는 곡선의 같은 속도 부분(가로축이 속도이므로 바로 밑)이 된다. 기어비가 높아지므로 구동력은 떨어지는데, 이것은 두 곡선의 낙차로 표시된다. 기어비가 근접할수록 그 차이는 줄어든다.

토크 특성과 가속의 관계
가속이 잘된다고 느껴지는 모터사이클은 어떤 것일까?

라이더가 모터사이클을 선택할 때 잊지 말아야 할 것은 회전수에 따른 토크의 변화, 즉 '토크 특성'이다. 여기에서는 혼다의 'CBR954RR'(954cc)과 'VFR'(781cc)을 예로 들어본다.

오른쪽 그래프를 보기 바란다. CBR954RR의 출력은 7,000회전 부근까지 쑥쑥 올라간다. 이어서 3,000~4,000회전 전후와 4,500~5,500회전 전후에서 급격히 토크가 낮아지고, 4,000~4,500회전에서는 잠시 평평한 그래프를 그리다가 변동이 심해짐을 알 수 있다. 5,500회전 이후에는 토크가 급격히 떨어지지만, 회전은 계속 증가하기 때문에 출력도 계속 올라간다.

요컨대 CBR954RR은 5,500회전이라는 비교적 낮은 회전으로 최대 토크를 일으키는 모터사이클이다. 이것은 라이더가 변동하는 토크를 파악하면서 능숙하게 조종해야 한다는 의미다.

이어서 VFR을 살펴보자. VFR은 3,000회전부터 최대 토크를 발생시키는 7,500회전까지 토크가 완만하게 증가한다. 따라서 마력을 내는 속도도 CBR954RR보다 느리다.

따라서 마력을 내는 속도는 CBR954RR만큼 빠르지 않지만, 토크를 내는 속도에 거의 변동이 없는 '플랫 토크형'이기 때문에 라이더가 조종하기 쉬운 모터사이클이라고 할 수 있다.

중저회전역에서 토크가 안정되는 모터사이클은 스로틀을 조작했을 때 직관적으로 반응하며 완만하게 가속한다. 그러므로 서킷이 아니라 거리에서 쾌적하게 달리고 싶다면 이런 플랫 토크형 모터사이클이 적합하다.

모터사이클(엔진)에 따른 토크 특성의 차이

엔진 성능 곡선

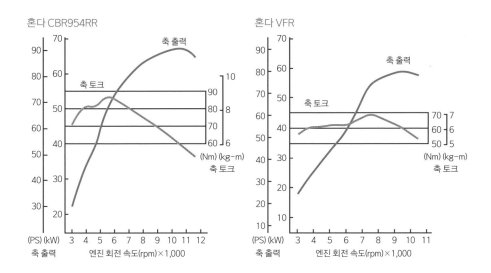

토크가 크게 변동하는 CBR954RR은 라이더에게 기술이 요구되지만, 평탄한 토크 출력이 특징인 VFR은 중저회 전역에서 안정된 토크가 나오기 때문에 조종이 편하다.

자료 : 혼다기연공업

성능 곡선을 읽는 법

엔진 성능 곡선은 엔진이 전부하(全負荷, 스로틀 전개)일 때의 것으로, 말하자면 엔진 이 '마음먹고 힘을 발휘할' 때의 성능을 나타낸다. 그래서 스로틀이 전개(全開) 상태가 아닐 때의 출력이나 토크는 그래프의 곡선상이 아니라 선 아래의 어딘가에 있다. 그 위치를 가령 A점이라고 하면 A점에서 곡선까지의 거리는 출력이나 토크에 얼마나 여유가 있는지를 나타내며 그것은 스로틀을 더 열었을 때의 가속이나 힘과 관계가 있다. 곡선까지 거리가 있을수록 여유가 많아 더욱 빠르게 가속할 수 있으며 강력한 힘을 느낄 수 있다.

MOTORCYCLE

피스톤
피스톤은 엔진에서 가장 중요한 부품

엔진에서 중심 역할을 맡고 있는 것은 실린더 속을 위아래로 움직이는 '피스톤'이다. 피스톤은 키가 작은 원기둥 모양의 부품으로, 속이 비어 있는 원통형의 실린더 속을 왕복 운동한다. 실린더의 상부에는 실린더 헤드가 덮여 있으며, 내부는 밀폐 공간이다. 실린더 헤드에는 혼합기를 빨아들일 때 열리는 흡기 밸브와 연소 가스를 배출할 때 열리는 배기 밸브가 있다.

4행정 엔진의 경우, 먼저 피스톤이 내려가며 주사기로 약물을 빨아들이듯이 혼합기를 흡입한다. 이윽고 피스톤이 하사점에 다다르면 이번에는 상승으로 전환하며, 빨아들인 혼합기를 '압축'해 연소를 준비한다. 피스톤이 상사점에 다다르면 압축은 완료된다. 이어서 점화 플러그가 불을 붙이면 혼합기가 연소된다. 이후 피스톤은 팽창한 연소 가스에 강제로 밀려서 내려간다. 그리고 피스톤이 하사점에 다다르면 '배기'가 시작되어 상승하는 피스톤이 연소 가스를 밀어내며, 상사점에 다다르면 또다시 '흡기'가 시작된다.

이와 같은 일련의 움직임은 4행정 엔진의 경우 엔진 2회전에 해당한다. 엔진이 분당 수천 회전이라는 속도로 돌아간다는 점을 생각하면 피스톤의 상하 운동은 매우 격렬하다. 피스톤이 움직이는 방향을 바꾸는 상사점과 하사점에서는 급격한 가속·감속이 일어난다. 그래서 피스톤의 무게를 최대한 줄이고자 안쪽을 도려내서 컵을 뒤집어놓은 것 같은 형태로 만든다. 또한 연소로 발생하는 열과 연소 가스의 팽창력에 잘 견딜 수 있도록 만드는 것도 중요하다.

모터사이클의 피스톤

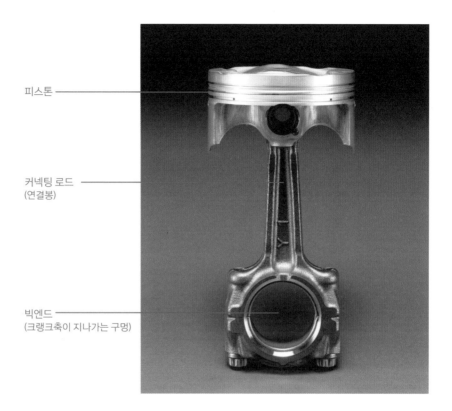

피스톤 ────

커넥팅 로드 ────
(연결봉)

빅엔드 ────
(크랭크축이 지나가는 구멍)

피스톤은 연소 가스의 강한 압력을 견딜 수 있게 강도가 높아야 하고, 고회전이 가능하도록 가벼워야 한다.

자료 : 야마하발동기

피스톤 링

피스톤의 바깥 둘레에는 두 개 혹은 세 개의 링이 끼워져 있다. 이것을 '피스톤 링'이라고 한다. 피스톤 링은 실린더와 피스톤 사이의 빈틈을 메워서 기밀성을 높여 압력이 떨어지거나 연소 가스가 새는 것을 막을 뿐만 아니라, 연소 과정에서 피스톤이 받은 열을 실린더로 내보내는 역할을 한다. 4행정 엔진의 경우, 피스톤 링 중 하나는 '오일 링'이라고 부르는 것으로 이것은 실린더 벽에 붙은 오일을 긁어낸다.

1-11 크랭크축과 커넥팅 로드
피스톤의 힘을 동력으로 바꾸는 크랭크축

엔진 파워의 원천은 피스톤을 강하게 밀어 내리는 연소 가스의 팽창력이다. 그리고 피스톤이 받은 힘을 전달하는 것이 커넥팅 로드와 크랭크축이다. 피스톤의 힘은 커넥팅 로드와 크랭크축을 거쳐 변속기로 전달된다.

커넥팅 로드는 피스톤과 크랭크축을 연결하는 막대 모양의 부품으로 한쪽은 피스톤, 다른 한쪽은 크랭크축의 일부인 크랭크에 연결되어 있어서 피스톤이 밀려 내려오는 힘으로 크랭크축을 회전시킨다. 자전거를 탈 때 다리와 페달(크랭크)의 움직임이 어떤지 생각해보자. 커넥팅 로드와 크랭크축의 움직임도 이와 똑같다. 직선 운동을 회전 운동으로 바꾸면서 힘을 전달하는 것이다. 여기에서 발생한 회전력이 엔진의 토크가 된다.

실린더가 하나밖에 없는 단기통 엔진은 페달이 하나인 자전거와 같아서 커넥팅 로드가 하나뿐이고 크랭크축도 단순하다. 그러나 실린더 수가 늘어나면 그에 따라 커넥팅 로드의 수도 늘어나고 크랭크축도 여러 개의 크랭크를 연결한 복잡한 모양이 된다.

피스톤이 크랭크축을 돌리는 시점은 '연소' 행정에서 밀려 내려갈 때뿐이며, 피스톤이 하사점에 다다르면 이번에는 크랭크축이 회전하는 관성으로 피스톤을 움직인다. 이때 회전에 편차가 생기는데, '플라이휠'이 이 편차를 없애준다. 플라이휠은 회전하는 추와 같은 것으로 관성력을 이용해 부드러운 회전이 되도록 기능한다.

엔진의 심장부

피스톤의 직선 운동을 회전 운동으로 바꾸는 것이 커넥팅 로드와 크랭크이며, 복수의 크랭크를 연결한 것이 크랭크축이다.

자료 : 야마하발동기

페달 자동차의 크랭크축

어린이용 페달 자동차는 페달을 양발로 번갈아서 밟아주면 달린다. 페달은 하나의 막대를 크랭크 모양으로 굽힌 것인데, 엔진의 크랭크축도 기본적으로는 이와 비슷한 형태다. 페달 부분에는 커넥팅 로드가 붙어 있어서 이것을 '크랭크 핀'이라고 하며, 회전의 중심이 되는 막대 부분은 '크랭크 저널'이라고 한다. 페달이 두 개 있는 페달 자동차는 엔진으로 치면 2기통이다. 각각의 페달(크랭크)은 축을 기준으로 180도 위치에 있는데, 엔진에서는 이런 크랭크를 '180도 크랭크'라고 부른다.

1-12 장행정과 단행정
엔진의 성격을 좌우하는 실린더와 행정

실린더 한 개당 배기량은 실린더 직경과 행정의 치수에 따라 결정된다. 배기량이 같을 경우, 직경이 크면 행정이 짧고 직경이 작으면 행정이 길다. 직경이 행정보다 클 경우는 단행정, 행정이 직경보다 클 경우는 장행정, 직경과 행정의 치수가 같으면 정방행정이라고 한다. 이 직경과 행정은 "단행정이어서 고회전에 유리하다."라는 말이 있을 만큼 엔진 성능에 영향을 끼친다.

피스톤은 크랭크축이 1회전하는 사이에 1왕복한다. 만약 엔진이 매분 6,000회전으로 돌아간다면 피스톤은 1초에 100왕복을 하며, 이동하는 거리는 행정의 200배나 된다. 또한 피스톤은 상사점과 하사점에서 일단 정지하기 때문에 그 전후에 맹렬한 기세로 감속과 가속을 반복한다.

행정이 짧으면 피스톤은 그다지 빠르게 움직이지 않아도 되므로 단행정 엔진은 회전수를 높이기가 수월하며, 그래서 고회전으로 돌아가며 출력을 얻는 고회전형 엔진에 적합하다. 실린더 직경이 크기 때문에 엔진의 가로 폭이 커지는 경향은 있지만, 출력을 중시하는 모터사이클의 경우 단행정 엔진을 채용하고 있다.

한편 행정이 긴 엔진은 피스톤이 빠르게 움직이기 때문에 고회전에는 그다지 적합하지 않다. 그러나 커다란 토크를 얻을 수 있다는 특징이 있기 때문에 저회전에서 힘이 강하면서도 다루기 쉬운 엔진을 만들 수 있다. 그래서 소배기량의 실용차에서는 장행정이나 정방행정 엔진을 많이 볼 수 있다.

장행정 엔진을 탑재한 모터사이클

가와사키 '250TR'

스포츠 모터사이클은 단행정을 채용하는 경우가 많지만, 투어링 모터사이클의 경우 다루기 쉬운 장행정도 볼 수 있다.

자료 : 가와사키모터스 재팬

피스톤 속도

피스톤이 실린더 안을 움직이는 속도를 피스톤 속도라고 한다. 모터사이클 엔진은 배기량이 작고 행정이 짧아서 자동차 엔진에 비해 피스톤 속도가 느리기 때문에 고회전으로 돌릴 수 있다. 가령 행정이 50밀리미터인 엔진으로 계산을 해보면, 분당 6,000회전일 때 피스톤 속도의 평균값은 초당 10미터. 시속으로 환산하면 36킬로미터로, 그렇게 놀랄 만한 수치는 아니다. 다만 피스톤이 0.005초마다 상승에서 하강, 하강에서 상승으로 방향을 바꾸며 왕복 운동을 한다고 생각하면 굉장히 격렬하게 움직인다는 사실을 알 수 있다.

1-13 흡기 밸브와 배기 밸브
혼합기의 입구, 배기가스의 출구

4행정 엔진의 경우, 엔진에서 연소되는 혼합기는 실린더 헤드에 설치된 흡기 포트라고 부르는 통로를 통해 실린더 안으로 공급된다. 또 이와 마찬가지로 연소가 끝난 가스는 배기가스가 되어 배기 포트에서 실린더 밖으로 배출된다. 흡기 밸브와 배기 밸브는 이들 통로의 개폐를 담당한다.

참고로 2밸브나 4밸브라는 것은 하나의 실린더에 사용하는 밸브의 수를 말한다. 밸브의 수를 늘리는 이유는 주로 밸브의 합계 면적을 넓혀서 흡배기를 원활히 하기 위함인데, 늘리는 데도 한계가 있기 때문에 좀 더 중요한 흡기 밸브를 많이 설치한다. 3밸브나 5밸브로 만드는 경우도 있다.

흡기 밸브나 배기 밸브는 버섯을 뒤집어놓은 듯한 모양으로, 우산 부분이 포트를 막도록 만들어져 있다. 움직임은 노크식 볼펜과 비슷해서, 평소에는 스프링의 힘으로 들어가 있다가(닫힌 상태) 축 부분을 밀면 우산 부분이 연소실 안으로 튀어나온다. 그러면 우산 부분과 포트 사이에 틈이 생겨서(열린 상태) 그곳으로 혼합기나 배기가스가 들어오고 나오는 방식이다.

흡기 밸브는 엔진이 '흡기'일 때 열리고 배기 밸브는 '배기'일 때 열리는데, 밸브는 연소실 안으로 튀어나오기 때문에 만약 여는 타이밍이 어긋나면 피스톤과 부딪힐 수도 있다. 그래서 밸브는 피스톤의 움직임과 연동되는 크랭크축의 움직임에 따라 열리고 닫히도록 만들어져 있다. 이에 따라 설령 분당 1만 회전이라는 엄청난 속도로 돌아가는 엔진에서도 항상 올바른 타이밍에 열린다.

엔진의 흡배기 밸브

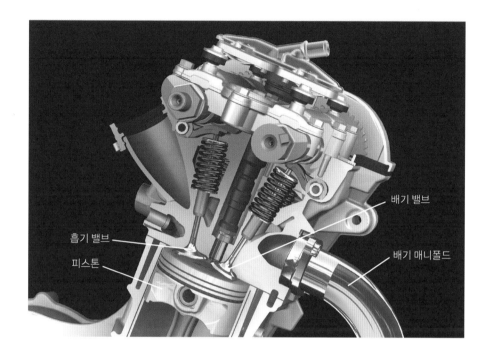

흡기 밸브
피스톤
배기 밸브
배기 매니폴드

고온 고압인 배기가스의 출구가 되는 배기 밸브는 비교적 작게, 혼합기의 입구가 되는 흡기 밸브는 최대한 크게 설계한다.

자료 : BMW

밸브의 개폐 타이밍은 조금씩 어긋난다?

흡배기 밸브가 열리는 타이밍은 '흡기'나 '배기' 사이로, 이것은 엔진 회전의 절반에 해당한다. 그 시간은 매우 짧아서 분당 3,000회전이라는 저회전이라 해도 0.01초에 불과하다. 밸브는 이 짧은 시간 안에 서서히 열려서 완전히 열렸다가 다시 닫힌다. 그래서 실제 엔진의 경우, 밸브의 개폐 시기(밸브 타이밍)를 조금 어긋나게 해서 혼합기나 배기가스의 관성을 이용해 흡배기 효율을 높이고 있다. 흡배기 밸브가 '흡기'나 '배기'에 들어가기 조금 전에 열리고 조금 나중에 닫히도록 만드는 것이다.

밸브 구동 방식
흡배기 밸브를 움직이는 메커니즘

흡배기 밸브를 움직이는 원동력은 크랭크축이다. 크랭크축의 회전을 체인이나 기어로 캠축에 전달해 밸브를 여닫는 구조다. 캠축은 축의 단면이 달걀 모양인 '캠'(cam)을 나열한 것이다. 캠은 캠축의 회전 운동을 직선 운동으로 바꿔서 일정한 간격으로 밸브의 축을 직접 혹은 간접적으로 밀어 밸브를 여닫는다.

우리가 주변에서 자주 들을 수 있는 'DOHC'(Double Overhead Camshaft) 'OHC' (Overhead Camshaft) 'OHV'(Overhead Valve)라는 용어는 이 밸브 메커니즘의 차이를 나타낸다.

DOHC는 트윈캠이라고도 불리며, 실린더 헤드 위에 흡배기용 전용 캠축이 있는 방식이다. 전체적으로는 복잡하지만 밸브를 움직이는 메커니즘이 단순하고 경량이기 때문에 고회전 고출력 유형의 엔진에 적합하다. 처음에는 캠이 직접 밸브를 미는 직접식이었지만 현재는 로커암(rocker arm)식도 사용되고 있다.

OHC는 싱글캠이라고도 불리며, 하나의 캠축으로 로커암을 통해 흡배기 밸브를 움직이는 방식이다. 고회전에는 DOHC보다 덜 적합하지만 작게 만들 수 있다는 이점이 있다. SOHC라고 부를 때의 'S'는 싱글(Single)의 머리글자다.

OHV는 크랭크축 가까이에 캠축이 있는 방식이다. 캠의 움직임이 푸시로드라고 부르는 긴 막대를 통해 실린더 헤드의 로커암에 전달되어 밸브를 움직인다. 오래된 형식이지만 실린더 헤드에 캠축이 없기 때문에 높이를 낮게 만들 수 있는 등 여러 장점이 있다.

밸브가 작동하는 구조(DOHC)

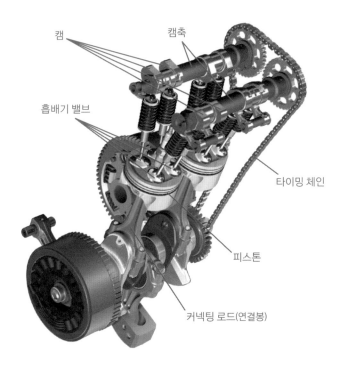

캠

캠축

흡배기 밸브

타이밍 체인

피스톤

커넥팅 로드(연결봉)

이 그림을 보면 캠축이 두 개인 DOHC의 특성이 잘 드러나 있다. 캠축이 회전하면 달걀 모양의 캠이 로커암이나 밸브의 머리를 밀어 내리듯이 움직이며, 이에 따라 밸브가 열린다.

자료 : BMW

가변 밸브 타이밍 기구

흡기 밸브는 '흡기' 직전에 열리고, 배기 밸브는 '배기' 이후에도 조금 열려 있다. 이사이에 흡배기 밸브가 함께 열려 있게 되며, 이것을 오버랩이라고 한다. 엔진 성능을 높이려면 오버랩의 설정이 중요한데, 난감하게도 최적화된 설정은 엔진의 회전 영역마다 달라진다. 그래서 고안된 것이 밸브 타이밍을 회전수에 맞춰 가변시키는 '가변 밸브 타이밍 기구'다. 성능을 더욱 높이기 위해 밸브가 튀어나오는 양(밸브 리프트)까지 변화시키는 시스템도 있다.

1-15 실린더 수

실린더가 많으면 성능이 좋다?

2행정 엔진이 모습을 점점 감추고 있는 현재, 모터사이클에 장착된 엔진의 대부분은 4행정이 되었다. 그래도 엔진의 종류는 다양하며, 배기량이나 형식 등에 따라 여러 엔진이 개성을 겨루고 있다. 그중에서도 싱글이나 트윈, 멀티 같은 실린더 수의 차이는 엔진의 겉모습은 물론이고 그 성격까지도 좌우하는 중요한 요소다. 참고로 실린더가 하나인 단기통 엔진은 싱글, 2기통은 트윈, 3기통 이상의 다기통 엔진은 멀티라고 부른다.

그렇다면 왜 실린더가 많은 엔진이 있고 적은 엔진도 있는 것일까? 가장 단순한 이유는 '배기량을 크게 만들기 위해서'다. 실린더 직경이나 행정을 확대해서 배기량을 크게 하면 될 것 같지만, 배기량을 크게 키우면 어딘가에서 문제가 발생한다. 직경을 확대하면 피스톤이 크고 무거워지며, 행정을 확대하면 피스톤 속도까지 빨라진다. 그러면 엔진은 잘 회전하지 않고 진동도 커지기 때문에 힘은 강해지지만 여러 가지 단점이 발생한다. 그래서 배기량을 대폭 키우려면 실린더 수를 늘리는 수밖에 없다.

그런데 이것은 달리 말해 실린더 수를 늘리면 피스톤은 작고 가벼워지며 행정도 짧아져 회전이 용이해진다는 의미가 된다. 덕분에 회전을 좀 더 높여서 더 큰 출력을 얻을 수 있고, 진동도 줄어들어 부드러운 엔진이 된다. 이 같은 이유 때문에 배기량이 클수록, 또 고성능 엔진일수록 멀티 엔진이 많다.

6기통 엔진을 사용한 바이크

혼다 'CBX1000'

1979년에 등장한 혼다 'CBX1000'. 세계 최초로 양산된 공랭식 DOHC 병렬 6기통 엔진은 특이할 정도로 가로 폭이 넓었다.

자료 : 혼다기연공업

멀티 엔진은 몇 기통까지?

멀티 엔진이라고 하면 보통은 4기통 엔진을 의미한다. 이보다 실린더 수가 많은 것으로는 6기통 수평 대향 엔진을 탑재한 혼다의 골드윙이 있으며, 과거에는 병렬 6기통 엔진을 탑재한 모터사이클도 제작되었다. 그리고 상당히 특수한 경우이지만 미국에는 자동차용 V8 엔진을 탑재해 400마력이 넘는 출력을 내는 상식 밖의 모터사이클도 있다. 반대로 배기량이 작은 쪽으로는 옛날에 5기통 125cc짜리 레이싱 머신이 있었는데, 시판용 모터사이클 중에서는 250cc 4기통 모델이 널리 알려져 있다.

MOTORCYCLE

43

실린더 레이아웃
엔진 특성도 좌우하는 실린더 레이아웃

모터사이클의 엔진은 같은 4행정이라도 다양한 성격이 있다. 응답성, 가속성, 소리와 진동 등 제원표에는 표시되어 있지 않은 영역에서 저마다의 개성을 겨룬다. 특히 실린더가 복수인 엔진의 경우, 실린더 레이아웃에 따라 엔진의 성격도 크게 달라진다. 실린더 레이아웃은 모터사이클의 매력까지 좌우하는 매우 중요한 요소인 것이다.

실린더 레이아웃에는 여러 방식이 있는데, 가장 기본적인 것은 복수의 실린더를 한 줄로 나열한 병렬 레이아웃이다. 패러럴, 인라인 등으로 불려서 2기통 엔진이라면 병렬 2기통이나 패러럴 트윈이라고 부르는데, 최근에는 자동차의 엔진처럼 직렬이라고 부를 때도 많다.

V형은 그 이름처럼 실린더를 V자 모양으로 배치한 레이아웃으로, 2기통이라면 V트윈, 4기통이라면 V4로 부른다. 일반적으로 모터사이클을 옆에서 봤을 때 V자 모양이 되도록 탑재하며, 병렬 엔진에 비하면 앞뒤는 길어지지만 좌우의 폭이 좁아지므로 모터사이클을 날씬하게 만들 수 있다. V자 모양의 각도를 뱅크 각 또는 끼인각이라고 하며, 이 각도에 따라서도 엔진의 느낌이 달라진다.

그리고 BMW 등 일부 모터사이클에서는 수평 대항(플랫)이라는 독특한 레이아웃을 볼 수 있다. 이것은 독립된 실린더가 수평하게 뻗어 있는 방식으로, 마주 보는 피스톤이 좌우로 움직인다. 마치 주먹을 주고받는 것처럼 보인다고 해서 복서 엔진이라고도 불린다.

수평 대향 2기통

피스톤

커넥팅 로드(연결봉)

흡배기 밸브

크랭크축

BMW가 1920년대부터 사용해온 수평 대향 2기통은 좌우로 크게 튀어나온 실린더가 특징이다. 개성파 엔진의 대표 주자라고 할 수 있다.

자료 : BMW

독특한 실린더 레이아웃

과거에 커다란 열풍을 일으켰던 레이서 레플리카에는 그야말로 레이싱 머신 못지않은 특별한 엔진이 차례차례 탑재되었다. 전2기통과 후1기통의 V형 3기통(혼다), 병렬 2기통을 V자형으로 조합한 2축 크랭크의 V형 2기통(야마하), 실린더 네 개가 田자 모양으로 배열된 스퀘어 포(스즈키), 그리고 실린더 두 개가 앞뒤로 배열된 탠덤트윈(가와사키) 등이 그것이다. 하나같이 지금은 볼 수 없는 독특한 실린더 레이아웃을 채용했는데, 이 또한 엔진 성능을 높이기 위한 기술이었다.

MOTORCYCLE

싱글 엔진
모터사이클 엔진의 기본형

싱글 엔진은 실린더와 피스톤이 하나밖에 없는 가장 기본적인 엔진이다. 제일 큰 특징은 메커니즘이 단순하다는 점이다. 이 덕분에 싱글 엔진은 작고 가볍게 만들 수 있을 뿐만 아니라 마찰 저항을 비롯해 기계적인 파워 손실도 적으며 연비도 우수하다. 부품의 수가 적으므로 당연히 비용도 저렴하고 유지 관리도 쉽다.

이와 같은 이점에서 스쿠터나 비즈니스 모터사이클 등 소배기량 차량을 중심으로 싱글 엔진이 폭넓게 사용되고 있다. 특히 원동기를 장착한 자전거는 싱글 엔진의 독무대다. 또 듀얼 퍼포즈 같은 오프로드용은 경량화가 주행 성능의 향상으로 직결되기 때문에 일반적으로 싱글 엔진을 장착한다.

한편 싱글 엔진은 다기통 엔진에 비해 큰 출력을 얻기가 어렵다는 문제점이 있다. 엔진은 회전수를 높일수록 큰 출력을 얻을 수 있는데, 피스톤의 지름이 크고 행정도 길어지는 싱글 엔진은 고회전으로 돌리기가 어렵다. 또 폭발이 엔진 2회전당 1회로 간격이 긴 탓에 부드럽지 못하다는 약점도 있다. 진동도 크기 때문에 진동을 상쇄하는 밸런서를 채용한 엔진도 있다.

이런 단점은 배기량이 커질수록 두드러지는데, 미들급 중에는 그런 단점을 감수하고 싱글을 채용한 모터사이클도 일부 있다. 배기량이 큰 것은 빅 싱글이라고 부르며, 두두두 하는 고동감과 강력한 파워 필링, 날렵하고 가벼운 차체에서 나오는 경쾌한 주행을 맛볼 수 있다는 이유로 마니아들의 강한 지지를 받고 있다.

싱글 엔진

혼다 'CRF450R'의 엔진

싱글 엔진은 구식이라는 편견이 존재하지만, 인젝션을 장착해 새롭게 부활하기도 한다. 지금도 최신 기술이 속속 채용되고 있다.

자료 : 혼다기연공업

진동으로 진동을 줄이는 밸런서

50cc 같은 작은 엔진은 피스톤처럼 움직이는 부품도 가볍기 때문에 설령 싱글 엔진이라 해도 그렇게 큰 진동이 발생하지 않는다. 그러나 배기량이 증가하면 그에 비례해 진동도 커진다. 그래서 엔진을 프레임에 실을 때 진동이 잘 전달되지 않는 방법을 활용하기도 한다. 이 같은 이유로 진동 자체를 완화하자는 발상에서 나온 것이 밸런서(balancer)다. 이것은 의도적으로 진동을 발생시켜서 엔진의 진동을 상쇄하는데, 무게추가 달린 축을 엔진 회전과 연동해 회전시키는 방식을 많이 사용한다.

MOTORCYCLE

패러럴 트윈 엔진
모터사이클 엔진의 정석

미들급을 중심으로 널리 채용되고 있는 패러럴 트윈은 오래전부터 사용해온 대중적인 엔진이다. 싱글 엔진보다 실린더 직경이 작고 행정도 짧기 때문에 회전수를 높여 출력을 얻기가 용이하고, 엔진의 폭은 넓어지지만 높이를 억제할 수 있어서 출력과 크기의 균형을 적절히 맞출 수 있다.

실린더가 나란히 배치되는 패러럴 트윈은 실린더 블록이나 실린더 헤드를 하나로 만들 수 있기 때문에 V트윈 엔진에 비해 구조를 단순화할 수 있다. 또한 싱글 엔진을 옆으로 키운 것 같은 모습이기 때문에 싱글 엔진과 마찬가지로 기화기나 배기 파이프 등 흡배기 시스템을 배치하기가 용이하다.

4행정 패러럴 트윈에는 360도 크랭크와 180도 크랭크, 270도 크랭크 등의 방식이 있다. 360도 크랭크는 피스톤 두 개가 함께 상하 운동을 하는 방식으로 좌우의 실린더에서 교대로 연소되기 때문에 폭발 간격이 균등해진다. 저·중속을 중시하는 엔진에 적합해 대부분의 패러럴 트윈에 사용하고 있는데, 피스톤 두 개가 똑같이 상하 운동을 하는 탓에 진동이 커서 밸런서를 장비하는 것이 일반적이다.

180도 크랭크는 피스톤 두 개가 교대로 상하 운동을 하는 방식으로, 폭발 간격은 균등하지 않지만 회전 균형이 좋아 고회전에 적합하다. 270도 크랭크는 극히 일부의 모터사이클에 사용하는 방식으로, 역시 폭발 간격이 균등하지 않고 회전 균형도 좋지 않기 때문에 진동도 크다. 이렇게 보면 장점이 거의 없는 듯하지만, 트윈 엔진이면서 싱글 엔진과 같은 고동감과 강력함을 얻을 수 있다는 특색이 있다.

패러럴 트윈 엔진

BMW 'F800S'의 엔진

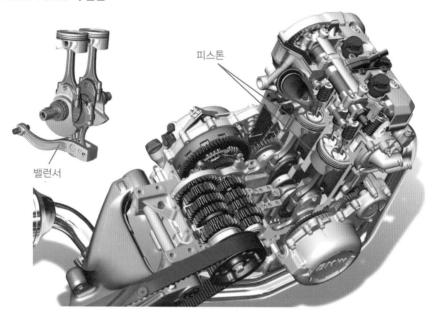

피스톤

밸런서

패러럴 트윈의 문제점은 진동이 크다는 것이다. 그러나 엔진 아래에 있는 밸런서를 위아래로 움직여서 진동을 없앤 매력적인 패러럴 엔진도 있다.

자료 : BMW

버티컬 트윈

패러럴 트윈 엔진은 실린더 두 개가 옆으로 나열되어 있는 형식으로, 대부분의 경우 실린더는 조금 앞으로 기울어 있다. 실린더를 기울이면 높이를 억제할 수 있고 무게 중심의 위치가 낮아지는 이점이 있다. 그런데 개중에는 실린더가 곧게 서 있는 패러럴 트윈도 있다. 이런 엔진을 버티컬 트윈(vertical twin)이라고 하며, 영국의 모터사이클 제조사인 트라이엄프가 이 엔진을 채용한 것으로 유명하다. 버티컬이라고 하면 일반적으로 트윈 엔진을 가리키지만, 싱글 엔진을 버티컬 싱글이라고 부르기도 한다.

MOTORCYCLE

1-19 V트윈 엔진
개성을 뽐내는 엔진 방식

할리데이비슨과 두카티는 개성적인 모터사이클을 만드는 회사로 인기가 있는데, 이 두 회사의 모터사이클을 상징하는 것이 독창적인 V형 엔진이다. 할리데이비슨은 뱅크 각이 45도인 V트윈, 두카티는 L형이라고도 부르는 90도의 V트윈을 채용하고 있는데, 양쪽 모두 다른 모터사이클에서는 찾아보기 어려운 방식이다.

V트윈은 실린더가 앞뒤로 배열되어 있기 때문에 크랭크축이 싱글 엔진 수준으로 짧아진다. 트윈 엔진이면서 엔진의 폭은 패러럴 트윈보다 크게 짧아 날씬한 모터사이클을 만들기에 안성맞춤이다. 두 실린더 블록이 독립되어 있는 탓에 무겁고, 흡배기 시스템의 처리도 복잡해지는 단점이 있지만, 독특한 엔진 필링과 경쾌한 핸들링 등 단점을 덮고도 남을 만큼의 장점이 있다.

두 실린더를 직각으로 조합한 90도 V트윈은 진동이 적다는 특징이 있으며 고회전까지 매끄럽게 돌아가 큰 출력을 얻기가 용이하다. 그래서 주행 성능을 중시하는 로드 모델은 V트윈을 장착할 경우 90도가 일반적이다. 폭발 간격이 균등하지 않아 파워 필링과 배기음에서 맥동감이 느껴지는 특징이 있는데, 이 또한 매력이다.

뱅크 각이 90도가 아닐 경우 진동이 늘어나고 폭발 간격이 더 불균일해지는 까닭에 엔진 필링의 개성이 더욱 강해진다. 멀티 엔진이 정밀 기계라면 이쪽은 마치 생물과도 같다. 할리데이비슨을 비롯해 미들급에서 오버 리터급까지 수많은 크루저 모델에 이 방식이 채용된 것도 그런 개성이 사랑받고 있기 때문이다.

V트윈 엔진

혼다 'VTX'의 엔진

과거에는 특수한 존재였던 V트윈이지만, 최근에는 스포츠 모델부터 크루저 모델까지 다양한 모터사이클에 탑재되고 있다.

자료 : 혼다기연공업

엔진 폭이 넓은 V트윈?

통상적인 V트윈 엔진은 모터사이클을 옆에서 봤을 때 V자로 보인다. 크랭크축은 싱글과 마찬가지로 가로 방향이며, 지극히 일반적인 레이아웃이라고 할 수 있다. 그런데 모토 구찌 같은 일부 모터사이클은 옆에서 봤을 때가 아니라 앞에서 봤을 때 V자로 보이도록 엔진을 탑재한다. 요컨대 모터사이클의 양옆으로 실린더 헤드가 튀어나와 있는 것이다. 또한 크랭크축이 세로 방향이기 때문에 변속기의 구조도 독자적이다.

인라인 4 엔진
고성능을 추구한 결과 탄생한 엔진

빠른 모터사이클을 추구할 경우 엔진에 가장 필요한 것은 파워다. 파워가 속도와 가속을 결정하기 때문이다. 그래서 끊임없이 파워 향상을 추구하며 엔진을 발전시켜 왔는데, 그 결과 탄생한 것이 실린더 네 개를 일렬로 배치한 인라인 4(병렬 4기통) 엔진이다.

배기량이 같다면 실린더 수를 늘릴수록 실린더 직경과 행정이 작아진다. 그러면 고회전에 유리하고 회전수가 높아지면 그만큼 높은 출력을 얻을 수 있다. 싱글보다 트윈, 트윈보다 멀티로 실린더 수가 늘어난 것은 바로 높은 출력을 얻기 위함이었다.

또 실린더 네 개를 일렬로 나열하는 것은 V형 등 다른 레이아웃에 비해 단순하고 경량이며 회전 균형이 좋아 진동도 적다. 상당히 장점이 많은 방식인 것이다. 그래서 현재 4기통 엔진은 병렬이 주류이며, 특별히 고출력이 필요하지 않은 투어러 모델도 쾌적성을 높이기 위해 인라인 4를 채용하는 일이 많아졌다.

한편 단점으로는 먼저 실린더가 네 개나 나열되는 바람에 엔진의 폭이 넓어진다는 점을 들 수 있다. 병렬이 단순하고 경량이라고는 하지만, 대배기량의 4기통쯤 되면 상당히 커다란 엔진이 된다. 또 실린더 수가 늘어나면 마찰 때문에 손실이 커져 고회전에서 고출력을 얻을 수 있는 대신 저회전 영역에서 토크가 작아진다. 특히 배기량에 여유가 없는 엔진의 경우, 다루기 어려운 모터사이클이 될 가능성도 있다.

인라인 4 엔진

BMW 'K1300GT'의 엔진

피스톤

혼다의 'CB750FOUR'를 시작으로 양산된 인라인 4는 지금도 대배기량 스포츠 모델에 적합한 엔진이다.

자료 : BMW

인라인 4의 토크 특성

실린더 수를 늘리는 것은 엔진 회전수를 높여서 출력을 크게 높이기 위함인데, 이것은 모든 회전 영역에서 힘이 강해진다는 뜻이 아니다. 출력은 회전수에 비례해 커지기 때문에 회전수가 높아지면 출력도 상승하지만, 고회전에서 효율적으로 출력을 얻을 수 있도록 설계된 엔진은 그렇지 않은 엔진에 비해 아무래도 저회전이나 중회전에서 출력이 떨어진다. 그런 까닭에 고회전형인 인라인 4 엔진은 회전수를 높이지 않으면 제 실력을 발휘하지 못하며, 중저회전 영역에서는 트윈 엔진처럼 최고 출력에서 열등한 엔진보다 힘이 약한 경우도 있다.

MOTORCYCLE

실용적인 엔진에서 주행이 즐거운 엔진으로

세계 최초의 모터사이클은 19세기 후반(1885년) 독일의 고틀리프 다임러 (Gottlieb Daimler, 1834~1900)의 손에서 탄생했다. 카를 벤츠(Karl Friedrich Benz, 1884~1929)와 함께 세계 최초의 자동차를 발명한 것으로 유명한 다임러는 이 기념할 만한 모터사이클의 동력원으로 배기량 264cc에 출력이 불과 0.5PS (프랑스 마력)인 단기통 4행정 휘발유 엔진을 탑재했다. 0.5PS는 현재 50cc 엔진이 내는 출력의 10분의 1 정도다. 터무니없이 약한 엔진이었던 것이다.

그 후 초기 모터사이클은 대부분 화물 운송 등 상업용으로 사용되었다. 엔진은 단순한 동력원에 불과했으며, 일단은 작업을 감당할 수 있는 파워를 발생시키는 것이 무엇보다 중요했다. 그러나 모터사이클이 주행을 즐기는 취미 수단으로 주목받자 엔진은 단순한 동력원이 아니라 모터사이클의 매력인 속도를 만들어내는 장치가 됐다.

모터사이클은 오로지 속도를 추구했고, 엔진의 파워는 비약적으로 향상 됐다. 마치 엔진만이 진화한 듯한 모터사이클은 주행 성능이 높지만 제동과 조향 기능을 라이더의 테크닉에 의지한다고 해도 과언이 아닌 과격성을 갖추게 되었다. 그것이 모터사이클의 멋이기도 하지만 말이다.

현재 강력한 엔진의 대명사이기도 했던 2행정 엔진은 점점 모습을 감추고 과거에는 힘이 없다고 평가받았던 4행정 엔진의 독무대가 되었다. 배기가스와 소음 등 다양한 문제가 앞을 가로막고 있지만 모터사이클의 매력은 여전히 엔진에 있다.

Chapter 2

엔진 주변의 구조

엔진은 혼자서 움직이지 못한다. 여기에서는 엔진에 공기를 공급하는 원리와 다양한 연료 공급 방법, 연소 후의 배기 시스템 등을 해설한다. 엔진을 부드럽게 움직이도록 돕는 엔진 오일의 역할과 냉각 시스템, 점화 플러그도 알아본다.

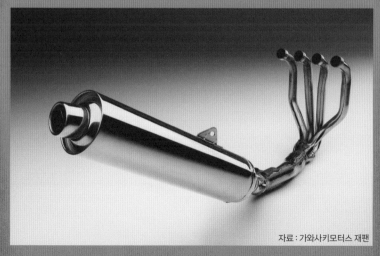

자료 : 가와사키모터스 재팬

가와사키의 'ZRX1200 DAEG'에 채용된 집합관. 네 개의 배기 매니폴드는 최종적으로 한 곳에 모여 머플러로 연결된다.

⓵ 흡기 시스템의 메커니즘

엔진은 공기의 양으로 조절된다

엔진을 움직이려면 연료인 휘발유가 필요하고 휘발유를 태우려면 공기(산소)가 필요한데, 이것을 공급하는 장치가 흡기 시스템이다. 휘발유와 공기를 적절히 섞어서 혼합기를 만드는 일과 엔진에 보낼 혼합기의 양을 조절하는 일이 흡기 시스템의 주된 역할이다.

흡기 시스템은 엔진에 공기를 보내는 통로 같은 것으로, 엔진의 앞쪽에는 기화기를 포함한 연료 공급 장치가 달려 있다. 외부에서 들어온 공기는 먼저 에어 클리너를 지나고, 연료 공급 장치에서 휘발유와 섞이며, 엔진의 흡기 포트를 통해 실린더 안으로 들어간다. 요컨대 엔진을 향해 흐르는 공기에 휘발유를 실어서 보내는 것인데, 공기 흐름을 만들어내는 것은 바로 엔진이다. 흡기 행정에서 피스톤이 하강할 때 실린더 안의 압력이 낮아지는 것을 이용해 공기를 빨아들인다.

연료 공급 장치가 공급하는 휘발유량은 공기량에 맞춰 조절된다. 따라서 공기량을 바꾸면 엔진 출력을 조절할 수 있다. 통로 중간에 있는 스로틀 밸브가 공기량을 변화시키는 역할을 한다. 스로틀 밸브를 활짝 연 상태가 이른바 풀(full) 스로틀로, 대량의 공기와 가솔린을 엔진으로 보내 힘을 최대로 발휘한다. 스로틀 밸브가 반만 열린 상태는 하프(half) 스로틀이라고 부르며, '부분적'이라는 의미에서 파셜(partial) 스로틀이라고도 한다.

흡기 시스템의 개요

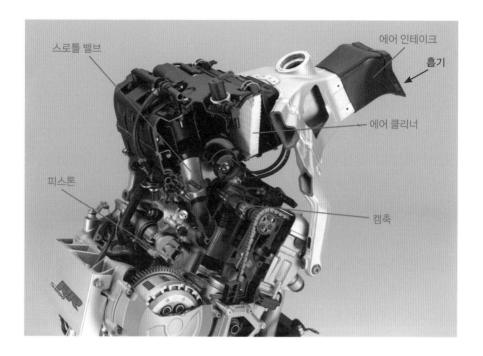

흡기 시스템의 중요한 역할은 엔진이 요구하는 공기를 원활히 공급하는 것이다. 따라서 흡기 저항을 줄이기 위한 다양한 아이디어가 담겨 있다.

자료 : BMW

혼합기의 농도

엔진에 보내는 휘발유가 너무 많으면 연소되지 않고 남게 되며, 너무 적으면 적절한 힘을 내지 못하는 문제가 발생한다. 그래서 기화기나 인젝션은 공기량에 맞춰 완전히 연소될 수 있는 양의 휘발유를 공급한다. 공기와 휘발유의 비율을 공연비라고 하며, 이론상으로는 공연비가 약 15 : 1일 때 휘발유가 완전 연소한다. 이것을 이론 공연비라고 하는데, 실제로는 조건에 따라 최적 공연비가 다소 변화하기 때문에 주행 상태에 맞춰 휘발유의 공급량을 조절한다.

MOTORCYCLE

흡기 시스템의 진화

기화기에서 인젝터로

2-2

몇 년 사이 소형 스쿠터에 커다란 변화가 찾아왔다. 과거에 소형 스쿠터의 주류였던 2행정 엔진이 서서히 사라지고 있는 것이다. 4행정 엔진에도 기화기 대신 연료 인젝션(전자 제어식 연료 분사 장치)이 사용되어, 어느덧 인젝션 방식의 소형 스쿠터가 주류를 형성하고 있다.

이것은 모터사이클의 세계에서도 배기가스 규제가 엄격해졌기 때문이다. 세계에서 가장 엄격한 수준으로 알려진 일본의 배기가스 규제에 대응하려면 2행정 엔진뿐만 아니라 원래 클린 엔진으로 알려진 4행정 엔진에도 새로운 대책이 필요해졌다. 그래서 과거에 엄격한 자동차 배기가스 규제를 해결할 비장의 카드였던 인젝션이 주목을 받게 된 것이다.

배기가스를 깨끗하게 하려면 휘발유를 깔끔하게 연소시키는 것이 중요하다. 그러려면 라이더의 스로틀 조작, 모터사이클의 주행 상황, 엔진 내의 연소 상태, 주위의 온도와 기압 등에 맞춰 언제나 적절한 양의 휘발유를 공급해야 한다. 그런데 기화기는 이런 세밀한 요구에 대응하지 못하며, 배기가스의 청정화에도 한계가 있다. 한편 인젝션은 기화기보다 훨씬 정밀하며 여러 상황의 변화에도 임기응변으로 대응할 수 있다. 요컨대 엄격한 배기가스 규제를 극복하려면 인젝션을 채용하는 편이 훨씬 유리하다.

흡기 시스템의 단면도

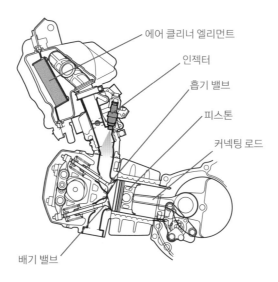

에어 클리너 엘리먼트
인젝터
흡기 밸브
피스톤
커넥팅 로드
배기 밸브

모터사이클의 가격이 급등한 원인 중 하나가 인젝션의 채용이다. 그만큼 고도의 시스템을 사용했다고 할 수 있다.

자료 : 혼다기연공업

모터사이클의 배기가스 규제

휘발유를 태운 뒤에 나오는 배기가스의 성분은 질소와 이산화탄소, 수증기가 대부분을 차지한다. 그러나 배기가스에는 유해한 물질도 포함되어 있기 때문에 이런 유해 물질의 배출량을 억제하고자 배기가스 규제가 탄생했다. 일본의 경우 자동차와 관련된 규제는 이미 40여 년 전부터 시행되었지만, 모터사이클에 배기가스 규제를 처음 도입한 시기는 1998년이다. 그리고 2006년과 2015년에 한 차례씩 강화된 규제가 시행되었다. 현재는 일본에서 판매되는 모든 모터사이클이 최신 규제의 대상이다. 한국도 2006년과 2008년에 점진적으로 강화된 규제를 적용 중이며, 2014년부터는 자동차와 마찬가지로 배출 가스 정기 검사를 받는다. 배기량을 기준으로 100~260cc는 2015년, 50~100cc는 2016년부터 단계적으로 시행한다. 경형(50cc 미만) 이륜차는 검사 대상에서 제외된다.

MOTORCYCLE

2-3 기화기의 기본 구조
공기 흐름으로 휘발유를 빨아들인다

현재 주류가 된 연료 인젝션에 비하면 기화기는 낡은 기술일지도 모른다. 그러나 원리가 단순하면서도 그 구조는 상당히 교묘하다. 인젝션이 등장하기 전까지는 연료 공급 장치라고 하면 기화기밖에 없었다. 이 때문에 오랜 기간 수없이 개량을 거치면서 원동기를 단 자전거부터 리터급 모터사이클까지 모든 모터사이클에 다양한 기화기를 사용했다.

기화기의 원리는 과거에 사용되었던 '입으로 부는 분무기'와 같다. 이 분무기는 물이 들어 있는 컵에 빨대를 꽂고 그 끝에 다른 빨대의 끝을 가까이 대서 숨을 불어넣는 구조다. 숨을 불어넣는 관은 출구로 갈수록 가늘어지기 때문에 세찬 바람이 나온다. 그러면 '공기 흐름이 빨라지면 압력이 낮아지는' 원리에 따라 다른 관에서 물이 빨아올려져 안개처럼 흩어지며 날아간다. 간단히 말하면 컵에 가득 찬 물을 입김으로 불어서 날리는 것과 같다.

실제 기화기도 공기가 흐르는 통로의 중간에 벤츄리(venturi)라고 부르는 가늘어지는 부분이 있으며, 그곳에는 휘발유가 들어 있는 다른 방(플로트 챔버, float chamber)과 연결된 관의 끝이 노출되어 있다. 상류에서 흘러온 공기는 벤츄리 부분에서 흐름이 빨라져 기압이 낮아진다. 그러면 관의 끝에서 휘발유가 빨려나오며, 안개처럼 변한 휘발유는 공기에 섞여 엔진으로 향한다. 기화기라고 부르지만 실제로는 휘발유를 기화하는 것이 아니라 연무화(煙霧化)하는 셈이다. 물론 연무화로 휘발유의 기화를 촉진하는 것은 맞다.

기화기의 원리

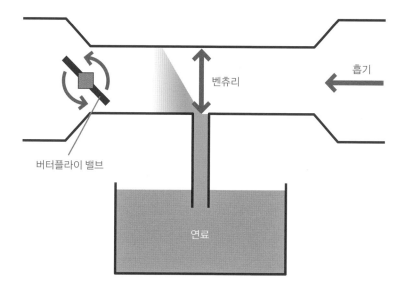

공기 흐름으로 휘발유를 빨아들이는 기화기. 스로틀의 움직임에 맞춰서 버터플라이 밸브가 회전해 혼합기의 양을 바꾼다.

초크와 스타터

식은 엔진에 시동을 걸 때는 엔진의 회전도 낮고 휘발유가 잘 기화하지 않기 때문에 통상적인 혼합기로는 시동이 잘 걸리지 않는다. 그래서 시동성을 높이기 위해 초크나 스타터라는 장비로 혼합기를 조절한다. 초크(choke. 질식시키다)는 단어의 의미대로 벤츄리 앞쪽에서 초크 밸브로 흡기 통로를 막아 진한 혼합기를 만들어낸다. 한편 스타터는 시동 전용 휘발유나 흡기 통로를 설치해 혼합기를 진하게 하는 방식이다. 예전에는 2행정 엔진용이었는데 지금은 4행정 엔진에도 널리 채용되고 있다.

가변 벤츄리식
모터사이클의 기화기는 이 방식뿐

모터사이클의 엔진은 고회전형이 기본이어서, 자동차와는 달리 1만 회전을 가볍게 넘기는 것도 드물지 않다. 그러나 회전 영역이 넓어지면 빨아들이는 공기량도 크게 변한다. 적정한 농도의 혼합기를 만들어 모자라지도 지나치지도 않게 공급해야 하는 기화기의 입장에서는 공기량이 크게 변화하는 것이 그리 달갑지만은 않다.

기화기는 벤츄리 부분에서 공기 흐름이 빨라져 압력이 떨어지는 현상을 이용해 혼합기를 만들기 때문에 벤츄리의 크기가 혼합기의 품질을 좌우한다. 벤츄리가 너무 크면 공기가 적을 때 충분한 속도를 얻지 못하고, 반대로 너무 작으면 공기가 많을 때 저항이 되어버리기 때문에 이 균형을 고려해서 최적의 크기를 설정한다. 그런데 이런 방법으로는 공기량이 크게 변하는 엔진에 대응하지 못한다. 그래서 고안된 것이 필요에 따라 벤츄리의 크기가 변하는 가변 벤츄리식 기화기로, 모터사이클에는 오로지 이 방식만을 사용한다.

가변 벤츄리식 기화기는 벤츄리 부분에 있는 슬라이드식 피스톤 밸브를 올리고 내려 벤츄리의 크기를 바꿔서 폭넓은 회전 영역에 대응한다. 피스톤의 아래쪽에는 굵은 바늘 같은 부품(제트 니들)이 있으며, 그 끝은 휘발유가 빨려 올라오는 관(니들 제트)에 꽂혀 있다. 침과 관 사이에는 틈새가 있는데, 피스톤이 올라가 벤츄리 부분이 넓어지면 동시에 틈새도 커져서 휘발유량이 증가한다.

가변 벤츄리식 기화기

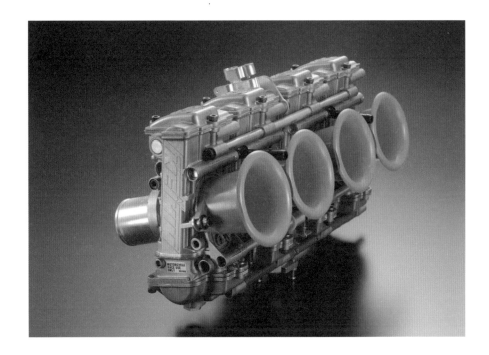

가변 벤츄리식 기화기의 예. 직관적인 스로틀 반응이 매력인 VM(Variable Manifold) 유형이다(64쪽 참조). 이 제품은 FCR(Flat Carburetor for Racing)이라고 부르며, 기존의 CR보다 고성능이다.

자료 : 케이힌주식회사

수평 기화기와 수직 기화기

모터사이클의 기화기는 일반적으로 엔진 뒤쪽에 수평으로 설치되어 있어서 엔진을 향해 뒤에서 앞으로 공기가 흐른다. 그런데 파워를 중시하는 엔진의 경우 위에서 아래를 향해 공기가 흐르도록 만든 것도 있다. 이것은 흡기 흐름의 방향을 최대한 직선으로 만들기 위한 궁리로, 이런 장치를 다운드래프트 유형이라고 부르며 기화기는 대체로 수직이 된다. 또 V형 엔진의 경우도 기화기를 수평으로 설치할 공간이 없기 때문에 다운드래프트 유형이다.

MOTORCYCLE

2-5 VM 유형과 CV 유형의 차이
두 종류가 있는 가변 벤츄리식

모터사이클의 가변 벤츄리식 기화기는 크게 VM(Variable Manifold) 유형(강제 개폐형)과 CV(Constant Vacuum) 유형(부압 작동형)으로 나뉜다. 양쪽 모두 벤츄리 부분의 크기를 변화시키지만, 그 작동 방식이 다르다.

VM 유형은 피스톤 밸브가 스로틀 밸브를 겸하는 방식으로, 스로틀 와이어로 직접 제트 니들이 달린 피스톤 밸브를 위아래로 움직여 공기량과 벤츄리의 크기를 동시에 조절한다. 스로틀 조작에 직관적으로 반응한다는 특성이 있지만, 스로틀을 급격히 개방하면 휘발유 공급이 이를 따라잡지 못해 엔진 출력이 갑자기 떨어지는 서징(surging) 현상을 일으킨다. 민감한 만큼 섬세함이 요구되는 것이다. 이 방식은 4행정의 경우 레이스 엔진이나 스포츠 엔진 등에 적합하며, 구조상의 이유로 CV 유형을 사용할 수 없는 2행정 엔진에도 사용한다.

CV 유형은 벤츄리 부분의 피스톤 밸브와는 별개로 독립된 스로틀 밸브를 설치한다. 피스톤 밸브의 하류에 있는 버터플라이 밸브가 스로틀 밸브인데, 스로틀 조작으로 이것을 여닫는다. 벤츄리 부분의 피스톤 밸브는 엔진에 공기가 흡입될 때의 부압으로 끌려 올라오는 구조다. 스로틀을 열면 먼저 버터플라이 밸브가 열리고 부압이 강해짐에 따라 자동으로 피스톤 밸브가 끌려 올라온다. 엔진은 스로틀 조작에 조금 뒤늦게 반응하지만 매끄럽고 부드러운 특성이 있다. CV 유형은 부압이 낮은 2행정 엔진에는 사용할 수 없으며 4행정 엔진에서 널리 사용한다.

가변 벤츄리식 기화기의 이미지

VM 유형

피스톤 밸브

제트 니들

공기 흐름

연료

CV 유형

흡인구   흡인실   다이어프램(얇은 고무)

부압

올라
간다

제트 니들

공기의 흐름

피스톤 밸브

버터플라이 밸브

연료

아래쪽을 대기압으로 유지하기 위한 공기구멍

VM 유형은 벤츄리의 피스톤 밸브를 라이더가 스로틀 조작으로 직접 움직이는 방식이다. 한편 CV 유형은 부압을 이용해 피스톤 밸브를 간접적으로 움직이는 방식이다. 버터플라이 밸브가 열려서 엔진 회전수가 높아지면 진공 포트에서 공기가 빨려나온다. 그러면 진공실 안이 부압이 되어 피스톤 밸브가 올라간다.

모터사이클은 실린더 하나에 기화기 하나

과거 자동차는 '트윈 기화기'가 고성능 엔진의 대명사로 통했다. 이것은 문자 그대로 기화기를 두 개 장비한 방식인데, 모터사이클의 경우 각 실린더마다 기화기를 하나씩 설치하는 것이 당연해서, 4기통 엔진이라면 기화기는 네 개가 기본이다. 기화기의 수로 따지자면 자동차보다 훨씬 고성능이라고 할 수 있을지도 모른다. 개중에는 싱글 엔진임에도 기화기를 두 개 장착한 것도 있으며, 심지어 VM 유형과 CV 유형을 조합한 방식까지 있다.

MOTORCYCLE

인젝션 시스템의 구조

2-6

휘발유를 적확히 공급하는 인젝션

인젝션도 기화기와 마찬가지로 빨아들이는 공기량을 스로틀로 조절해 엔진 회전수나 출력을 제어한다. 다만 크게 다른 점은 휘발유 공급 방식이다. 기화기는 공기 흐름을 통해 휘발유가 빨려나오는 현상을 이용하는 방식인데, 인젝션은 인젝터(분사 장치)에서 휘발유를 분사하는 방식이다.

인젝션은 미리 전자 펌프를 이용해 휘발유의 압력을 높여서 인젝터로 보낸다. 인젝터는 엔진의 흡기 통로 안을 향해 휘발유를 안개 형태로 분사해 혼합기를 만든다. 휘발유의 분사량은 엔진의 상황에 맞춰 계산되며, 항상 필요한 만큼만 휘발유가 공급된다. 전자 제어식 인젝션의 경우, 센서로 얻은 흡기량(스로틀 개방도), 엔진 회전수, 외부 기온, 냉각수 온도 등의 정보를 바탕으로 ECU(Engine Control Unit)라고 부르는 컴퓨터가 적절한 휘발유 공급량을 산출한다.

이에 따라 인젝션은 항상 엔진이 필요로 하는 휘발유량을 적확히 공급할 수 있어 엔진의 성능과 사용 편리성이 크게 향상되었다. 가령 익숙하지 않으면 실패하기 일쑤인 엔진 시동도 혼합기의 농도를 자동으로 조절해주는 인젝션이 있는 경우라면 그저 시동 스위치를 누르기만 하면 된다. 또 감속 시에는 휘발유의 분사를 멈춰 연비를 향상할 수도 있다. 최근에는 주(主) 스로틀 밸브와는 별도로 부(附) 스로틀 밸브를 추가해 휘발유량뿐만 아니라 공기량까지 정밀하게 제어한다.

66

인젝션 시스템

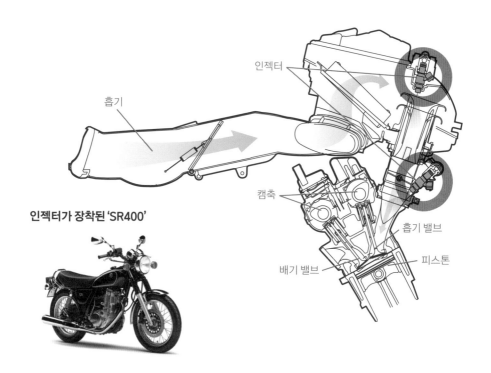

인젝터

흡기

인젝터가 장착된 'SR400'

캠축

흡기 밸브

배기 밸브

피스톤

인젝션이 엔진을 부드럽고 다루기 편하게 만들어주지만, 힘이 느껴지지 않는다고 말하는 사람도 있다.

자료 : 야마하발동기(좌) / 혼다기연공업(우)

전자 제어 스로틀

통상적인 스로틀은 오른손의 움직임을 와이어 케이블로 전달해 직접 스로틀을 열고 닫는다. 이에 비해 전자 제어식 스로틀은 라이더의 조작을 센서로 검출하고, ECU가 주행 상태에 맞춰 스로틀 개방도를 계산한다. 여러 조건을 이용해 계산한 값을 바탕 으로 스로틀을 모터로 움직인다. 모터사이클이 스로틀 조작에 관여하고 엔진을 좀 더 세밀하게 제어할 수 있는 이점이 있다. 참고로 전자 제어 스로틀처럼 조작을 전기 신호로 바꿔서 전달하는 방식을 '바이와이어식'이라고 부른다.

MOTORCYCLE

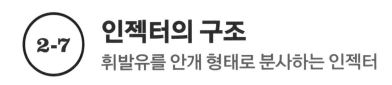

인젝터의 구조
휘발유를 안개 형태로 분사하는 인젝터

기화기가 분무기라면 인젝션에서 사용하는 인젝터는 에어로졸식 스프레이에 비유할 수 있다. 둘의 차이점은 휘발유를 공급하는 방식이다. 분사 단추를 누르면 액체가 안개 형태로 분사되는 스프레이와 마찬가지로 인젝터에서는 휘발유가 자력으로 뿜어져 나온다. 그래서 흡기량에 영향을 받지 않고 휘발유를 분사할 수 있다.

인젝터는 호스의 끝에 끼워서 사용하는 물 뿌리기용 노즐 같은 것이다. 펌프를 사용해 압력을 높인 휘발유를 보내면 끝에 있는 인젝션 노즐을 열어서 내부에 있는 휘발유를 분사한다. 다만 노즐은 열고 닫기만 가능하며 절반만 열거나 할 수는 없다.

인젝터 본체는 파이프 모양이며, 내부 공간을 보면 연필처럼 점점 좁아지면서 끝에 작은 구멍이 뚫려 있다. 인젝터 안에는 막대 모양의 니들 밸브가 삽입되어 있는데, 연필처럼 좁아지는 부분에 걸려 파이프를 막도록 되어 있다. 평상시에는 니들 밸브가 스프링에 눌려 파이프를 막고 있다가 필요할 때 전자석이 뒤로 잡아당긴다.

분사 타이밍이 되면 ECU가 인젝터에 신호를 보내 이 전자석에 전류를 흘려보낸다. 그러면 밸브가 열리고 압력이 높아진 휘발유가 끝에서 분사된다. 전기를 차단하면 전자석이 자력을 잃어 밸브가 원래의 위치로 돌아옴에 따라 분사가 멈춘다. 혼합기의 농도는 분사하는 휘발유량에 따라 조절되는데, 인젝터의 분사량은 밸브를 개방하는 시간, 즉 전류가 흐르는 시간에 따라 조절된다.

인젝터의 구조

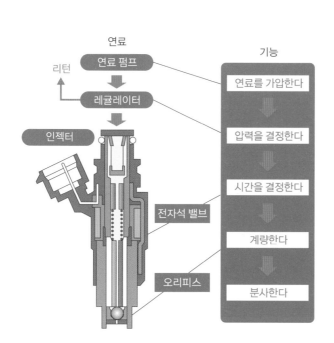

연료

리턴

연료 펌프

레귤레이터

인젝터

전자석 밸브

오리피스

기능

연료를 가압한다

압력을 결정한다

시간을 결정한다

계량한다

분사한다

'분사한다'는 점에서는 스프레이와 같지만, 인젝터는 마이크로미터 단위의 정밀함으로 치밀하게 조절된다.

자료 : 혼다기연공업 / 미쿠니주식회사

인젝션의 단점

스로틀을 여는 정도에 맞춰 인젝터에서 휘발유를 분사하는 인젝션 시스템은 기화기에 비해 기계 구조가 간단할 것 같은 느낌을 준다. 그러나 휘발유 탱크에서 휘발유를 자연 낙하시키는 기화기와 달리 인젝터에는 휘발유의 압력을 높이기 위한 펌프가 필요하며, 엔진 상태를 알기 위한 각종 센서와 시스템의 두뇌가 되는 ECU 등 다양한 전자 부품도 필요하다. 따라서 결코 간단한 시스템이라고는 할 수 없으며, 제작 비용도 많이 든다.

MOTORCYCLE

2-8 에어 클리너의 구조
에어 클리너는 마스크 같은 것

인간도 모터사이클과 마찬가지로 공기를 들이마시며 활동한다. 그러나 공기 속에 섞여 있는 티끌이나 먼지 등의 이물질까지 그대로 들이마시면 곤란하기 때문에 공기가 코나 목을 통과할 때 그 속에 섞인 작은 이물질을 제거한다. 만약 먼지가 심하게 많아서 코나 목에서 전부 걸러낼 수 없을 때는 숨을 멈추거나 코를 막으면 된다.

그런데 모터사이클 엔진은 스스로 숨을 멈출 수가 없다. 공기가 맑은 고원이든 먼지로 가득한 오프로드이든 항상 공기를 들이마셔야 한다. 그러나 티끌이나 먼지를 그대로 들이마시면 엔진이나 기화기가 손상돼 고장의 원인이 된다. 이 때문에 언제나 깨끗한 공기를 들이마실 수 있도록 엔진에 에어 클리너를 설치한다.

흡기 시스템에 공기가 들어오면 에어 클리너의 내부에 있는 에어 필터가 이물질을 제거한다. 에어 필터에는 몇 가지 방식이 있다. 먼저 부직포나 종이 등으로 구성된 건식과 스펀지에 오일을 적신 습식이 있으며, 최근에는 건식 필터에 오일을 적신 비스커스(viscous)식도 많이 사용하고 있다. 습식이나 비스커스식에서 오일을 사용하는 것은 필터의 흡착력을 높이기 위해서다. 인간의 코나 목에 있는 점막과 같은 역할을 오일이 한다고 보면 된다. 오일이 미세한 이물질까지 확실히 잡아낸다.

또 건식이나 비스커스식은 필터에 촘촘하게 주름이 잡혀 있는데, 이것은 커다란 필터를 작게 접었기 때문이다. 표면적을 늘려서 공기를 빨아들일 때의 저항(흡기 저항)을 줄이려는 의도다.

에어 클리너

에어 클리너

에어 인테이크

필터에는 서로 상반된 기능이 요구된다. 최대한 흡기 저항을 줄이면서 동시에 공기 속의 이물질을 확실히 걸러내야 한다.

자료 : BMW

반복해서 사용할 수 있는 습식 필터

일반적인 시내와 오프로드를 비교하면 당연히 오프로드의 공기가 더 지저분하다. 건조한 오프로드를 달리면 흙먼지가 심하게 일어나기 때문에 에어 클리너가 있는 줄 알면서도 걱정이 될 정도다. 그래서 오프로드형 모터사이클에는 이물질을 확실히 제거할 수 있는 습식 필터를 사용한다. 필터를 재사용할 수 있다는 것도 습식 필터의 장점으로, 세척용 오일로 씻어내고 다시 오일을 적셔주면 반복해서 사용할 수 있다. 다만 경제적으로 유리해도 손이 많이 가는 만큼 번거롭다는 단점이 있다.

MOTORCYCLE

2-9 터보 엔진의 구조
모터사이클에는 터보 엔진이 없다?

자동차의 경우, 예전만큼은 아니어도 여전히 터보 엔진이 대중적이다. 한편 모터사이클은 사정이 자동차와 정반대다. 1980년대 초반에 일본의 제조 회사들이 수출용으로 터보 모델을 일제히 내놓았지만 순식간에 모습을 감추고 말았다.

터보 엔진은 과급기인 터보차저의 도움으로 다량의 공기를 들이마셔 더욱 강력한 힘을 얻는다. 터보차저는 축의 양쪽 끝에 풍차를 단 모양으로, 한쪽 풍차(터빈)에 배기가스를 불어넣어 회전시키고 다른 풍차(컴프레서)로 흡기를 압축한다. 공기의 압력이 높아지면 공기의 밀도가 높아져 엔진에 더 많은 산소가 빨려 들어온다. 이것은 배기량을 확대한 것과 같은 효과로, 그 결과 연소할 수 있는 휘발유도 늘어나 파워 향상을 꾀할 수 있다.

그런데 터보 엔진에는 빈약한 저속 토크, 스로틀 조작 시의 느린 반응, 흡배기 시스템의 복잡한 처리, 엔진 온도의 상승 등 여러 가지 단점이 있다. 모터사이클에서 터보 엔진을 채용하지 않는 것은 이 때문이다. 오히려 단순하게 배기량을 키우는 편이 균형 있게 성능을 높일 수 있다.

다만 엔진을 키우지 않을 수 있다면 마찰에 따른 손실도 작아지고, 그냥 버려지던 배기가스의 에너지를 이용하므로 낭비도 줄어든다. 그래서 최근에는 효율을 높인다는 관점에서 터보 엔진이 재조명되고 있으며, 신세대 터보 엔진의 개발도 진행 중이다.

터보 엔진을 채용한 모터사이클

혼다 'CX500 Turbo'

혼다 'CX500 Turbo' 같은 과거의 터보 모델은 실패로 끝났다.

자료 : 혼다기연공업

램 에어 시스템

극적인 효과는 기대할 수 없지만 터보차저와 마찬가지로 공기에 압력을 가해서 엔진이 좀 더 많은 공기를 들이마시게 하는 것이 램 에어 시스템(ram air system)이다. 압력을 높이는 수단은 주행 풍압으로, 모터사이클이 전면(前面)에서 받는 풍압을 이용해 평상시보다 많은 공기를 에어 클리너로 유도한다. 그래서 프런트 카울(cowl)에 전방의 공기를 거두어들이는 에어 인테이크(air intake)가 설치되어 있다. 램 에어 시스템은 대형 투어러에 채용되고 있는데, 실제로 효과를 발휘하는 구간은 시속 200킬로미터 이상이라고 하며 출력 상승효과는 3~5퍼센트 정도다.

2-10 배기 시스템의 메커니즘
배기 파이프와 머플러는 같은 것?

배기 시스템은 소리를 작게 하는 소음기(머플러나 사일런서 등)와 배기가스를 유도하는 배기관(배기 파이프)으로 구성되어 있다. 그런데 '배기 시스템은 배기음을 작게 하는 장치'라는 인식이 있어서인지 이것을 한데 묶어서 '머플러'라고 부르는 것이 일반적이다.

실린더 안에서 연소한 혼합기는 단순히 타고 남은 가스일 뿐이므로 재빨리 배출해야 한다. 그러나 배기에 할당된 시간은 말 그대로 일순간이다. 그래서 배기 시스템은 배기가스가 실린더에서 원활히 빠져나갈 수 있게 함은 물론이고 적극적으로 내보내도록 만들어져 있다. 배기 시스템은 소리를 작게 하는 기능을 수행하지만 그와 함께 '배기가스를 재빨리 배출하는' 역할도 한다.

그러나 2행정 엔진의 경우 단순히 배기가스를 원활히 배출하는 것만으로는 엔진 성능을 충분히 끌어낼 수 없다는 난점이 있다. 새로운 혼합기가 배기가스와 함께 배출되는 블로바이라는 현상(24쪽 참고)이 발생하기 때문이다.

이런 문제를 해결하는 것이 배기 파이프의 중간 부분을 크게 부풀린 챔버(expansion chamber)다. 크게 부푼 챔버는 머플러의 앞쪽에서 다시 좁아지는데, 일단 팽창해서 낮아졌던 배기가스의 압력이 이곳에서 다시 높아진다. 그러면 뒤따라오던 배기가스가 되밀리며, 그 결과 배기가스와 함께 실린더 밖으로 나왔던 혼합기가 실린더 안으로 되돌아간다. 따라서 챔버를 사용하지 않으면 파워가 확실히 저하한다.

4행정 엔진의 배기 시스템

배기 매니폴드

배기구

머플러

배기 파이프

엔진에서 나온 배기가스는 배기 매니폴드와 배기 파이프를 지나 머플러에서 소음을 내고, 대기로 방출된다.

자료 : 야마하발동기

왜 배기 파이프를 엔진의 앞쪽에 달까?

모터사이클의 배기 파이프는 대체로 엔진 앞쪽에 부착되어 있다. 왜 배기 밸브가 앞쪽에 있을까? 그 이유는 배기가스에 노출되어 고온이 된 배기 밸브의 주변을 주행풍으로 식히기 위함이다. 배기 밸브를 식히는 것이 목적이므로 주행풍과 상관없이 밸브를 식힐 수 있는 수랭 엔진이라면 배기 파이프를 앞쪽에 설치하지 않아도 무방하다. 또한 V형 엔진을 앞으로 크게 기울이는 것도 뒤쪽의 실린더에 바람을 맞혀서 식히려는 의도다.

MOTORCYCLE

집합관
머플러 수에는 규칙이 있다?

4기통 엔진이 드물었던 과거에는 '4기통 엔진이라면 머플로도 네 개'라고 당연하다는 듯이 생각했다. 머플러가 네 개인 것은 4기통 엔진을 장착했다는 증거이며 머플러 수가 많을수록 성능이 우수하다는 이미지가 있었기 때문이다.

그런데 집합관이 등장하자 그런 상식도 일변해, 복수의 배기 파이프를 중간에서 하나로 묶은 집합관이야말로 고성능의 상징이 되었다. 집합관을 처음 채용한 곳은 서킷으로, 처음에는 레이스용 부품으로 개발되었다. 머플러를 하나로 묶은 집합관은 배기 효율을 향상해 파워를 높이고, 머플러 수를 줄여 대폭적인 경량화를 가능케 했다. 이는 레이스에 중요한 파워 상승과 경량화를 동시에 실현하는 획기적인 아이디어였다. 물론 시판용 모터사이클도 사정은 마찬가지였고, 여기에 매력적인 배기음까지 한몫하며 집합관은 단숨에 주목을 받았다.

싱글 엔진이라면 잘 알 수 있지만 배기가스의 흐름은 결코 일정하지 않다. 마치 맥박이 뛰듯이 압력이 변화한다. 이것은 엔진이 간헐적으로 배기를 실시하기 때문에 일어나는 현상인데, 집합관은 이 압력의 변화를 효과적으로 이용해 배기가스를 적극적으로 내보낸다. 배기 효율을 극적으로 높인 것이다.

다만 배기 타이밍은 실린더별로 다르므로 적당히 집합시키면 배기가스가 충돌해 흐름이 정체되는 역효과를 부를 수도 있다. 또 집합 방식에 따라 엔진의 특성이 고회전형이 될 수 있고 저회전형이 될 수도 있기 때문에 고도의 노하우가 필요하다.

시판 모터사이클의 집합관

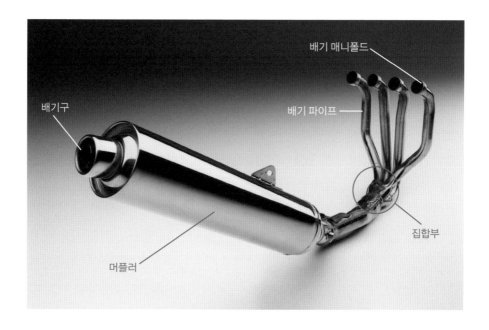

배기 매니폴드

배기구

배기 파이프

집합부

머플러

집합관이 고안되기 전에는 머플러가 실린더별로 독립되어 있어서 머플러 수는 실린더 수로 이어졌고 이는 곧 성능의 증표였다.

자료 : 가와사키모터스 재팬

4-2-1 방식이란?

집합관은 최종적으로 한 개 혹은 두 개가 되도록 배기 파이프를 묶는데, 2기통이라면 단순하지만 4기통의 경우는 몇 가지 방법을 생각할 수 있다. 자주 사용하는 방법은 배기 파이프 네 개를 단번에 하나로 합치는 '4-1 방식'(4 in 1)과 네 개를 일단 두 개로 합치고 다시 하나로 합치는 '4-2-1 방식'이다. 하나로 합친 뒤에 다시 두 개로 분기시켜 머플러를 좌우로 나누는 경우도 있다. 또 배기 효율을 높이기 위해 배기 파이프의 중간에 바이패스 파이프를 설치하거나 배기가스의 흐름을 제어하는 밸브를 설치하는 경우도 있다.

MOTORCYCLE

2-12 머플러의 작동 원리
머플러는 어떻게 소리를 줄일까?

연소를 마치고 실린더에서 맹렬한 기세로 뛰쳐나온 배기가스는 온도와 압력이 높고 큰 에너지도 가지고 있다. 이것을 그대로 방출하면 대기에서 단숨에 팽창해 주위의 공기를 격렬하게 흔들기 때문에 큰 소리가 발생한다. 이 소음을 억제하는 것이 머플러의 역할로, 다양한 방법을 이용해서 배기가스의 에너지를 저하해 큰 소리가 나지 않게 한 다음 방출한다.

머플러가 소리를 억제하는 방식에는 팽창식과 흡음식 등 여러 가지가 있다. 가령 팽창식은 배기가스를 좁은 통로에서 커다란 팽창실로 유도해 압력을 낮춘다. 이러면 자연스럽게 소리는 작아진다. 모터사이클의 경우 복수의 팽창실에서 배기가스의 압력을 반복적으로 낮추는 다단 팽창식이 일반적이다. 머플러의 내부에 몇 개의 팽창실이 있으며 배기가스가 지나가는 파이프가 마치 미로처럼 팽창실들과 연결되어 있다.

한편 흡음식은 배기가스가 직선으로 흐를 수 있도록 만들었다. 머플러의 내부는 작은 구멍이 촘촘하게 뚫린 파이프(중통)를 흡음재(유리 섬유)가 둘러싸고 있는 구조로, 흡음재와 마찰시켜 배기가스의 에너지를 빼앗는다. 그 결과 소리가 작아진다. 통로가 복잡하게 얽힌 다단 팽창식에 비해 배기 효율을 높일 수 있어 레이싱 머신처럼 성능을 중시하는 모터사이클에 채용하고 있다. 다만 사용하다 보면 흡음재의 열화 탓에 소음 효과가 저하되고 장기간 사용하기 위해서는 정기적인 유지 보수가 필요하다.

머플러의 구조

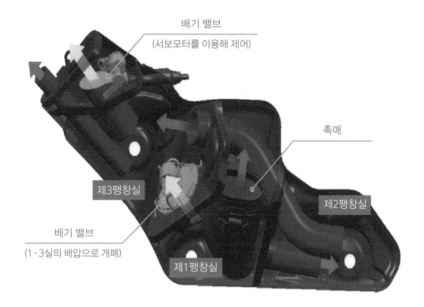

배기 밸브
(서보모터를 이용해 제어)

촉매

제3팽창실

제2팽창실

배기 밸브
(1·3실의 배압으로 개폐)

제1팽창실

혼다 'CBR1000RR'의 머플러는 다단 팽창식으로, 팽창실 3개가 단계적으로 소음을 줄인다.

자료 : 혼다기연공업

모터사이클의 소음 규제

일본의 소음 규제는 세계에서 가장 엄격한 수준이다. 1971년에 규제 수치가 정해진 이래 여러 차례에 걸쳐 강화되었으며 가속 주행 소음은 1971년 당시에 비해 무려 90퍼센트 이상 강화되었으며 2010년 봄에는 교환용 머플러에 대한 규제가 강화되었다. 한국은 통상 이륜차 정기 검사를 할 때 소음도 함께 측정하는데 5,000rpm 기준 105db 이하라면 문제가 없다.

2-13 윤활 시스템
엔진 오일은 어디에서 사용되고 있을까?

엔진 내부에서는 피스톤과 실린더 등 여러 부품이 서로 접촉하며 운동하고 있는데, 그 접촉면의 마찰을 줄여 부드럽게 움직이도록 하는 것이 엔진 오일이다. 엔진 오일이 없으면 접촉면이 심하게 마모되어 부서지므로 중요한 엔진 소모품 중 하나라고도 할 수 있다.

4행정 엔진의 경우 피스톤과 실린더, 실린더 헤드와 크랭크축 주변 그리고 변속기도 엔진 오일로 윤활한다. 자동차와는 달리 변속기까지 윤활을 하기 때문에 모터사이클의 엔진 오일은 좀 더 가혹한 조건에서 일한다.

크랭크 케이스 아래쪽의 오일팬에 담겨 있는 엔진 오일이 오일펌프를 통해 엔진의 각 부분으로 보내지며 일을 마친 뒤 자연 낙하해 오일팬으로 돌아오는 방식을 웨트 섬프(wet sump)라고 한다. '섬프'는 기름통이라는 뜻으로, 오일팬에 오일을 담아 두기 때문에 이렇게 부른다. 참고로 오일팬의 팬(pan)은 '냄비'라는 의미다.

한편 드라이 섬프(dry sump)라는 방식도 있다. 이 방식은 오일팬으로 돌아온 오일을 별도의 전용 탱크로 회수해 다시 엔진의 각 부분으로 보낸다. 부품이 많아지므로 비용과 중량은 증가하지만, 안정적으로 오일을 공급할 수 있고 오일이 크랭크축의 회전을 방해하지 않기 때문에 고성능 엔진이나 오프로드 모델 등에 적합하다. 오일팬이 얕아지므로 엔진의 높이를 낮게 만들 수 있고 오일을 탱크에 담아서 냉각할 수 있다는 이점도 있다.

엔진의 윤활 시스템

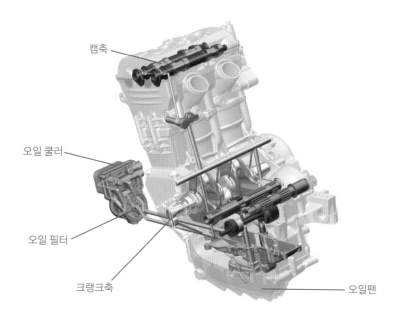

캠축

오일 쿨러

오일 필터

크랭크축

오일팬

엔진 속을 순환하는 오일은 중간에 오일 필터를 통과하며, 이때 이물질과 오물 등이 걸러진다. 위 그림은 웨트 섬프 방식이다.

자료 : BMW

2행정 엔진의 윤활 시스템

4행정 엔진의 오일은 공원 분수처럼 순환하며 일한다. 이에 비해 2행정 엔진의 엔진 오일은 혼합기의 일부로서 휘발유와 함께 엔진 속으로 보내진다. 요컨대 휘발유와 함께 연소된다. 머플러가 흰 연기를 토하는 것도 이 때문이다. 이 방법으로는 크랭크 축 을 윤활할 수 없을 것 같은 생각도 들지만, 2행정 엔진은 혼합기가 크랭크 케이스 를 경유하므로 걱정하지 않아도 된다. 또 4행정 엔진과 달리 변속기는 전용 기어오 일로 윤활한다.

MOTORCYCLE

2-14 엔진 오일
엔진이 작으므로 오일도 오래 쓸 수 있다?

흔히 엔진 오일을 혈액에 비유하는데, 이것은 엔진 오일이 엔진 구석구석을 순환하면서 혈액과 마찬가지로 여러 가지 일을 하기 때문이다. 엔진 오일의 역할로는 엔진 각 부분의 움직임을 매끄럽게 해 마모를 방지하는 윤활 작용이 널리 알려져 있는데, 사실은 윤활 작용 이외에도 세정 작용, 냉각 작용, 방청(防錆) 작용, 기밀(氣密) 작용 등 다양한 역할을 한다.

엔진을 사용하면 내부에 카본이나 슬러지를 비롯해 다양한 오물이 생성되는데, 이것을 씻어내는 것이 세정 작용이다. 씻어낸 오물은 오일 필터에서 걸러지거나 오일 속에 분산된다. 오물을 분산하는 이유는 덩어리가 되면 고장의 원인이 되기 때문이다. 검게 변한 오일은 오물을 분산했다는 증거다.

펌프를 통해 엔진 내부에 보내진 오일은 각 부분의 열을 빼앗으며 순환한다. 이것이 오일의 냉각 작용으로, 특히 온도가 높은 피스톤 같은 곳에는 오일을 분사하는 방법을 이용해 냉각 작용을 적극적으로 활용한다. 또한 방청 작용은 엔진 내부의 금속 부품이 부식하지 않도록 방지하는 작용이며, 기밀 작용은 피스톤과 실린더의 틈새를 막아서 실린더의 압력을 유지하는 작용이다.

이처럼 다양한 작용은 엔진 오일이 열화되면서 서서히 저하되므로 적당한 간격으로 오일을 교환해줘야 한다. 모터사이클의 경우 엔진 회전수가 높은 만큼 오일의 열화도 빠르게 진행되므로 자동차에 비해 오일 교환 주기가 짧다. 또 공랭 엔진은 수랭 엔진보다 열에 따른 부하가 크기 때문에 열화가 더더욱 빨리 진행되는 경향이 있다(84쪽과 86쪽 참고).

엔진 오일

저온에서의 점도
이 숫자가 작을수록
추위에 강하다

고온에서의 점도
이 숫자가 클수록 열에 강하다

광물유라는 의미
화학 합성유보다 성능은
떨어지지만 경제성이 우수하다

엔진 오일에는 다양한 규격이 있지만 이것은 오일 성능의 지표 같은 것이며, 규격만으로 모든 성능을 알 수는 없다.

자료 : 혼다기연공업

엔진 오일의 구성

엔진 오일을 만들 때는 기본이 되는 베이스 오일에 다양한 첨가제를 넣는다. 베이스 오일에는 화학적으로 합성해서 만드는 합성유와 원유를 정제해서 만드는 광물유, 광물유에 합성유를 배합한 부분 합성유 등이 있다. 한편 첨가제는 베이스 오일의 성능을 보완해주는 것으로 청정 분산제, 소포제, 방청제, 산화 방지제, 마모 방지제, 점도 지수 향상제 등이 배합되어 있다. 첨가제라고는 하지만 그 양은 전체의 약 20퍼센트를 차지할 정도이며, 엔진 오일의 성능을 크게 좌우한다.

MOTORCYCLE

공랭 엔진의 냉각 시스템

2-15 바람에 의존해 엔진을 식히는 공랭식

엔진은 연소 때문에 발생하는 열에너지를 이용하지만, 안타깝게도 그 열의 대부분은 사용되지 않고 버려진다. 휘발유 엔진의 경우 열에너지에서 운동 에너지로 변환되는 비율은 30퍼센트 정도에 불과하다. 전력의 대부분이 열이 되어버리는 백열전구 정도까지는 아니지만 상당히 비효율적이다.

이용하지 못한 열에너지는 배기가스가 되어 대기 중에 방출될 뿐만 아니라 엔진 자체에도 흡수된다. 만약 아무런 조치도 취하지 않으면 엔진은 열이 쌓인 끝에 고온이 되어 망가진다. 따라서 어떤 방법으로든 엔진을 식혀줘야 한다.

엔진의 냉각 방식에는 공랭식, 유랭식, 수랭식이 있다. 공랭식은 주위의 공기에 직접 열을 내보내는 방법으로, 엔진이 노출되어 있는 모터사이클에 적합해 오래전부터 사용되고 있다. 실린더 주변에 냉각핀을 설치해 공기와 접촉하는 면적을 늘리고, 스쿠터처럼 엔진이 숨어 있는 경우는 냉각팬을 사용해 강제로 식히기도 한다.

공랭식은 특별한 메커니즘을 사용하지 않는다. 그 덕분에 단순하고 가볍게 만들수 있지만, 엔진을 얼마나 식힐 수 있을지는 바람에 달려 있으므로 그다지 안정적인 냉각 방법이라고는 할 수 없다. 가령 작은 모터사이클로 급경사를 오를 경우, 엔진은 열심히 돌아가지만 그다지 속도가 나지 않기 때문에 엔진이 충분히 바람을 맞지 못해 금방 과열되고 만다. 과거에 유행했던 2행정 3기통 엔진은 바람이 잘 닿지 않는 중앙의 실린더가 타버리기 일쑤였는데, 이는 모두 공랭식이기에 발생하는 문제다.

공랭 엔진의 냉각 시스템

가와사키 'W650'

냉각핀

냉각핀은 공랭 엔진의 상징이라고 할 수 있다. 이 핀을 반짝반짝 윤이 나도록 닦는 것이 즐겁다는 사람도 적지 않다.

자료 : 가와사키모터스 재팬

실린더 헤드를 효과적으로 식히는 유랭 엔진

연소실이 있는 실린더 헤드는 혼합기가 연소할 때마다 고열에 노출되기 때문에 실린더나 피스톤과 마찬가지로 온도가 크게 올라가기 쉬운 부분이다. 또 실린더 헤드는 주위를 커버로 덮듯이 만들어져 있기 때문에 통상적인 공랭식 엔진에서는 바람을 직접 맞지 못한다. 그래서 엔진 오일을 이용해 식히는 방식을 사용하는데, 이것이 바로 유랭식이다. 유랭식에서는 통상적인 오일 회로와 별도로 대량의 엔진 오일을 실린더 헤드에 내뿜는다. 이는 공랭식의 발전형이라고도 할 수 있다.

MOTORCYCLE

수랭 엔진의 냉각 시스템
번거롭게 물을 사용해서 식히는 이유는?

수랭 엔진은 메커니즘이 복잡하고 중량이 무거우며 유지 관리도 필요하기 때문에 제작 비용이 상승한다. 그래서 모터사이클에는 적합하지 않다고 여겨져 왔지만 지금은 많은 모터사이클이 수랭식을 채용하고 있다. 그 이유로는 파워가 강해짐에 따라 엔진의 발열량이 증가해 공랭식으로는 충분한 냉각이 어려운 점, 수랭식은 엔진의 온도가 안정되기 때문에 효율을 높이기가 용이하다는 점 등을 들 수 있다.

수랭 엔진은 실린더 주위에 워터 재킷이라고 부르는 수로를 설치하고 펌프로 냉각수를 순환시켜 엔진을 식힌다. 고온이 된 냉각수는 라디에이터로 보내져 열을 대기로 방출한다. 냉각수의 통로는 엔진과 라디에이터 주위로 나뉘어 있어서, 수온이 낮을 경우 냉각수는 엔진 주위만을 순환한다. 온도가 섭씨 70~80도 정도가 되면 서모스탯(밸브)이 열리고 라디에이터로 냉각수가 보내져 냉각된다. 라디에이터에는 도로 정체 같은 상황에서 충분히 바람을 맞지 못할 경우를 대비해 냉각팬이 설치되어 있다.

냉각수로 물을 사용하면 추운 겨울에 얼어붙을 수가 있기 때문에 동결 방지 효과와 방청 효과가 있는 롱 라이프 쿨런트(LLC) 냉각액을 물에 섞어서 사용한다. 만에 하나 냉각수가 얼면 동결 팽창으로 엔진 등이 파손될 우려가 있는데, 그렇다고 해서 냉각액을 너무 많이 넣어도 문제가 된다. 냉각액은 물보다 비열이 작아서 물에 비해 냉각 기능이 떨어지기 때문에 너무 많이 넣으면 과열의 위험성이 높다. 또한 냉각액을 과도하게 넣으면 동결 온도가 높아져 역효과를 부를 수도 있다.

수랭 엔진의 냉각 시스템

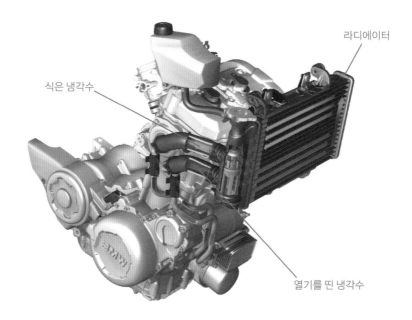

라디에이터

식은 냉각수

열기를 띤 냉각수

수랭 엔진은 온도 조절이 용이할 뿐만 아니라 엔진 주위에 있는 냉각수가 소음을 줄여준다.

자료 : BMW

라디에이터 캡

라디에이터 캡은 언뜻 평범한 뚜껑처럼 보이지만 의외로 중요한 역할을 한다. 냉각
수 회로는 밀봉된 상태이기 때문에 온도가 높아지면 내부 압력이 올라가 냉각수의
끓는점이 상승한다. 그래서 냉각수의 끓는점은 통상적인 끓는점보다 높은 섭씨
110~120도에 이르는데, 냉각수의 온도가 높은 편이 방열성이 좋기 때문에 이런 구
조로 되어 있다. 그런데 계속 밀폐된 상태라면 내부 압력이 지나치게 높아지기 때문
에 일정한 압력이 되면 라디에이터 캡 속의 밸브가 열려서 압력을 낮춘다.

MOTORCYCLE

점화 시스템

불꽃을 만들어내는 점화 시스템

점화 시스템의 역할은 점화 플러그로 불꽃을 튀겨서 혼합기에 불을 붙이는 것이다. 혼합기를 제대로 태우려면 정확한 타이밍에 확실히 불꽃을 튀기는 것이 중요하기 때문에 점화 시스템은 '엔진 회전에서 점화 타이밍을 검출한다' '점화 타이밍에 맞춰 전류를 단속한다' '점화 코일에서 고압 전류를 발생시켜 플러그로 보낸다'라는 작업을 반복한다.

불꽃의 근원이 되는 고압 전류는 점화 코일이 만든다. 점화 코일 속에는 1차 코일과 2차 코일이 있어서, 1차 코일의 전류를 단속하면 전자 유도 작용으로 2차 코일에 1~2만 볼트의 전압이 발생한다.

점화 방식으로는 '트랜지스터식'과 'CDI식'이 유명한데, 두 방식의 차이는 1차 코일 쪽의 전류를 어떻게 제어하느냐로 갈린다. 트랜지스터식은 미리 1차 코일에 전류를 흘려놓고 이 전류를 급격히 차단해 2차 코일에 고압 전류를 발생시키는 방식이다. 과거에 널리 이용되었던 접점식과 원리가 유사하다.

한편 CDI식은 콘덴서에 전류를 모아놓았다가 점화 타이밍에 맞춰서 수백 볼트의 전류를 단숨에 1차 코일에 흘려보내 고압 전류를 발생시킨다. 트랜지스터식이 '전류를 차단'하는 데 비해 CDI식은 '단숨에 흘려보내는' 것이다.

또 트랜지스터식은 배터리를 전원으로 사용하지만 CDI식은 배터리가 아니라 플라이휠 안에 있는 충전용 코일에서 전기를 얻는 방식도 있다. 이것이 소형 스쿠터 등에서 사용되는 플라이휠 마그넷 CDI로, 킥 스타터 방식이라면 배터리가 방전된 상태라도 엔진 시동을 걸 수 있다.

점화 시스템의 구조

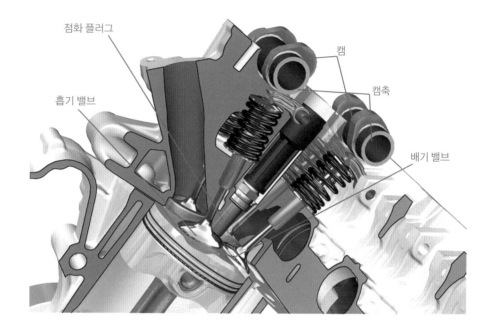

점화 플러그

흡기 밸브

캠

캠축

배기 밸브

휘발유 엔진은 점화 플러그에 불꽃을 일으켜서 혼합기에 불을 붙이기 때문에 '불꽃 점화 엔진'이라고도 부른다.

자료 : BMW

접점식 점화 시스템

지금은 구식이 된 접점식은 단속기를 이용해 점화 코일의 1차 코일에 흐르는 전류를 갑자기 차단해 2차 코일에 고압 전류를 발생시키는 방식이다. 단속기는 전류를 단속하는 스위치 같은 것으로, 보통은 접점을 닫아놓았다가 점화 타이밍에 맞춰 열도록 되어 있다. 접점에는 어느 정도의 전류가 흐르고 고속으로 개폐를 반복하기 때문에 타서 망가지기 쉬우며, 또 캠에 눌리는 힐이라는 부분도 마모된다. 그래서 접점식의 경우 접점을 조절하거나 손질해줄 필요가 있다.

점화 플러그의 구조
고성능 플러그는 무엇이 고성능일까?

점화 플러그는 실린더 헤드의 플러그 홀에 설치되어 끝에 있는 두 개의 전극(중심 전극과 접지 전극) 사이에서 방전을 일으켜 고압 상태의 혼합기에 불꽃을 튀긴다. 플러그 끝의 중앙에 있는 작은 돌기가 중심 전극이고, 금속제 몸체에서 L자 모양으로 뻗어 나온 것이 접지 전극이다.

오른쪽 그림에서 하얗게 보이는 것은 절연체로, 이것은 두 전극 사이를 절연한다. 절연체의 중심부에는 중심 전극과 연결되어 있는 중심축이 지나가며, 그 꼬리 부분에는 플러그 코드에서 전기를 받는 터미널이 있다. 한편 절연체의 바깥쪽에 있는 금속 부분은 셸이라고 부르며, 플러그 홀에 장착하기 위한 나사산이 파여 있다. 끝에는 접지 전극이 있는데, 이쪽은 플러그 코드 같은 배선을 연결하지 않는다. 이것은 엔진이 접지되어 있기 때문으로, 점화 플러그를 실린더 헤드에 장착해서 전기적으로 연결한다.

혼합기를 잘 연소시키기 위해서는 불꽃 상태가 좋아야 한다. 즉, 점화 플러그의 성능이 엔진 성능에 큰 영향을 끼친다. 양호한 불꽃을 만드는 조건은 불꽃 간극(전극 사이의 틈새)과 전극의 형상을 비롯해 다양한 요소가 얽혀 있다. 가령 이리듐 플러그나 백금 플러그는 고성능 플러그로 유명한데, 이런 플러그는 극세 중심 전극을 사용해 불꽃이 잘 튀기기 때문에 불이 잘 붙는다. 보통 중심 전극이 가늘면 방열이 나쁘고 소모도 빠르지만 내구성이 좋은 이리듐이나 백금을 사용하면 단점을 극복할 수 있다.

점화 플러그의 구조

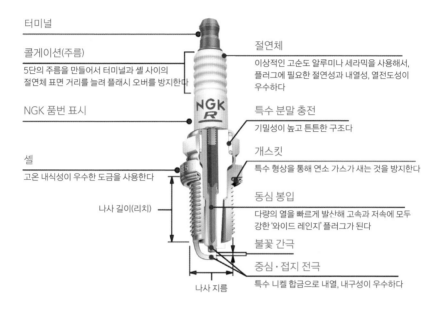

터미널

콜게이션(주름)
5단의 주름을 만들어서 터미널과 셀 사이의
절연체 표면 거리를 늘려 플래시 오버를 방지한다

NGK 품번 표시

셀
고온 내식성이 우수한 도금을 사용한다

나사 길이(리치)

나사 지름

절연체
이상적인 고순도 알루미나 세라믹을 사용해서,
플러그에 필요한 절연성과 내열성, 열전도성이
우수하다

특수 분말 충전
기밀성이 높고 튼튼한 구조다

개스킷
특수 형상을 통해 연소 가스가 새는 것을 방지한다

동심 봉입
다량의 열을 빠르게 발산해 고속과 저속에 모두
강한 '와이드 레인지' 플러그가 된다

불꽃 간극

중심·접지 전극
특수 니켈 합금으로 내열, 내구성이 우수하다

점화 플러그를 유심히 보면 절연체에 주름 같은 굴곡이 있다. 이것을 '콜게이션'이라고 부르는데, 절연성을 높여
준다.

자료 : NGK(일본특수도업)

점화 타이밍의 진각

흡기 밸브에서 실린더 안으로 들어온 혼합기의 연소에 허용되는 시간이 지극히 짧다
는 사실을 아는가? 특히 고회전이 되면 상사점에 맞춰 불꽃을 튀겨서는 시간이 부족
해진다. 그래서 점화 시스템은 엔진 회전수나 스로틀 개방도 등에 맞춰 점화 타이밍
을 앞당기는 '진각 기능'을 갖추고 있다. 진각 기능을 이용해 상사점에 앞서 점화하고,
이를 통해 연소 압력이 최대가 되는 타이밍과 피스톤이 하강하는 타이밍을 맞춰 연
소 에너지를 낭비 없이 힘으로 변환하는 것이다.

MOTORCYCLE

2-19 점화 플러그의 특성
중요한 것은 온도와 불꽃 간극

항상 혼합기의 연소에 노출되어 있는 점화 플러그는 그 열을 주위로 발산하도록 만들어져 있다. 흔히 점화 플러그를 보호하려면 최대한 열을 발산시켜야 한다고 생각하기 쉬운데, 사실은 그렇지 않다. 점화 플러그에는 적정 온도가 있기 때문인데, 이 온도에서 벗어나면 정상적인 점화를 할 수 없다. 너무 뜨거워도 안 되고 너무 차가워도 안 되는 골치 아픈 특성인 것이다.

점화 플러그의 적정 온도는 섭씨 약 500~950도다. 하한선인 섭씨 500도는 자기청정 온도라고 부르며, 절연체에 부착된 카본을 저절로 태우기 위한 온도다. 이 온도를 밑돌면 카본이 부착된 채로 남게 되어 절연 불량으로 불꽃이 불완전해진다. 한편 상한선인 섭씨 950도는 프리이그니션(preignition. 조기 점화) 온도라고 한다. 점화 플러그의 온도가 너무 높으면 플러그 자체가 불씨가 되어 불꽃이 튀기 전에 자연 착화하는 프리이그니션 현상이 발생하며, 심할 때는 전극이 녹아버린다. 이런 현상이 발생하지 않는 온도의 상한선이 섭씨 950도다.

중심 전극과 접지 전극의 간격인 불꽃 간극 역시 너무 멀어도 안 되고 너무 가까워도 안 되는 골치 아픈 성질을 지니고 있다. 불꽃 간극이 좁으면 가까이 있는 전극에 열이 흡수되어 불씨가 생겨도 소멸될 가능성이 높다. 불씨가 꺼지면 물론 정상적인 연소가 불가능하다. 불꽃 간극이 적절하면 불씨는 꺼지지 않고 착실히 착화된다. 그러나 불꽃 간극이 너무 벌어지면 불꽃을 튀기기 위해 높은 전압이 필요하며, 자칫하면 방전이 되지 않아 점화가 불가능할 수 있다.

점화 플러그에 발생하는 이상

정상 　 전극 소모 　 그을음 　 오버 히팅

전극이 소모되면 불꽃이 잘 튀지 않는다. 또 엔진의 상태에 따라 그을음이나 오버 히팅 등의 이상도 발생한다.

열가와 플러그의 방열

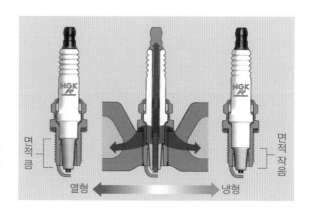

잘 식지 않는 '열형'은 저속 주행을 하는 자동차, 잘 식는 '냉형'은 고속 주행을 자주하는 자동차에 적합하다.

면적 큼 　 열형 ← → 냉형 　 면적 작음

자료 : NGK(일본특수도업)

점화 플러그의 '열가'

점화 플러그의 온도는 연소 상태에 따라 달라지며 엔진 파워나 엔진의 사용 방식 등에 좌우된다. 조건이 어떻게 바뀌든 적정 온도가 유지되면 좋겠지만, 이것은 그렇게 간단한 일이 아니다. 그래서 점화 플러그 자체의 방열성을 이용해 온도를 조절한다. 점화 플러그의 방열성, 즉 '얼마나 잘 식는가?'를 나타내는 것이 '열가'(熱價)로, 잘 식는 것을 고열가(냉형. cold type), 잘 식지 않는 것을 저열가(열형. hot type)라고 한다. "파울링 현상이 있어서 열가를 낮춘다."라는 말은 온도가 너무 낮으므로 잘 식지 않게 해서 온도를 높인다는 의미다.

2-20 엔진 스타터
스타터는 셀프 방식이 더 고성능?

전동 모터와 달리 엔진은 맨 처음에 자기 힘으로 움직이지 못한다. 혼합기를 연소시켜 힘을 얻으려면 먼저 혼합기를 압축해야 하기 때문이다. 요컨대 힘을 얻기도 전에 먼저 피스톤을 움직여야 한다. 그래서 엔진은 시동 장치인 스타터를 장비하고 있다. 스타터에는 킥 페달을 발로 밟아 엔진을 돌리는 킥 스타터 방식과 스타트 모터로 돌리는 셀프 스타터 방식이 있다.

킥 스타터 방식은 킥 페달을 아래로 밟으면 그 움직임이 기어를 통해 크랭크축을 돌린다. 킥 페달의 움직임이 클러치의 앞쪽(엔진 쪽)에 전달되는 방식을 프라이머리 (primary)식이라고 하며, 이 방식은 클러치의 연결을 끊은 상태에서도 엔진 시동을 걸 수 있다. 한편 변속기로 전달되는 방식을 세컨더리(secondary)식이라고 하며, 클러치를 경유해 크랭크축에 회전이 전달되기 때문에 클러치가 연결되어 있지 않으면 엔진 시동이 걸리지 않는다.

셀프 방식은 기어를 사용해 스타트 모터의 회전 속도를 줄여 토크를 키우고 크랭크축을 돌린다. 핸들의 스위치로 간단히 조작할 수 있으며 시동도 잘 걸리지만 강력한 스타트 모터와 큰 전류를 공급할 수 있는 배터리가 필요하다. 그래서 예전에는 비교적 대형 모터사이클에만 셀프 방식을 사용했다. 하지만 지금은 킥 스타터 방식을 대신해 표준적인 스타터가 되었다. 다만 전자 장비 계통이 빈약한 모터사이클이나 조금이라도 무게를 줄이려는 모터사이클에는 지금도 킥 스타터 방식을 활용한다. 그리고 '킥 시동은 모터사이클의 상징'이라는 신념 때문에 킥 스타터 방식을 채용하는 경우도 있다.

스타트 모터의 위치

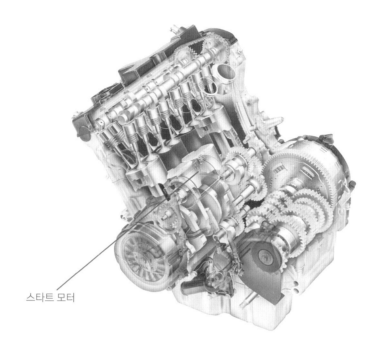

스타트 모터

셀프 방식은 스타트 모터를 사용하는데, 전용 스타트 모터가 아니라 발전기를 스타트 모터로 사용하는 경우도 있다.

자료 : 혼다기연공업

킥 페달에 걷어차인다!

과거에는 엔진 시동을 거는 일이 일종의 의식 같은 것이어서 '무사히 시동을 걸 수 있을지는 하늘의 뜻'이었다. 그중에서도 배기량이 큰 엔진은 특히 시동을 걸기가 어려웠는데, 시동이 안 걸리는 것은 둘째치고 자칫 페달에 걷어차일 수도 있었다. 킥 페달을 어중간하게 밟으면 피스톤이 완전히 압축되지 않아 되밀리면서 엔진이 역회전하고, 그래서 킥 페달에 걷어차이는 것이다. 급격히 역회전하는 킥 페달에 발목이나 정강이 등을 강타당하는데, 심할 경우 골절상을 입는 일도 있었을 정도다.

토막 상식 2
휘발유의 종류

고급 휘발유를 넣으면 힘이 세질까?

혹시 일반 휘발유 사양의 모터사이클에 굳이 고급 휘발유를 넣지 않았는가? 비싼 휘발유는 강한 힘을 일으킨다고 기대해서인데, 안타깝지만 고급 휘발유를 넣어도 유의미한 차이는 없다.

일반 휘발유와 고급 휘발유의 차이는 옥탄가에 있다. 옥탄가는 노킹(이상 연소)의 발생 가능성을 나타내며, 숫자가 클수록 노킹이 잘 일어나지 않는다는 의미다. 그래서 고급 휘발유를 고옥탄가 휘발유라고도 부른다.

노킹이 특히 문제가 되는 것은 압축비(20쪽 참조)가 높은 엔진의 경우다. 압축비를 높이면 강력한 힘을 얻을 수 있는 반면에 노킹이 발생하기 쉽다. 이는 다시 말해 노킹을 방지할 수 있으면 압축비를 높일 수 있다는 뜻이며 이를 위한 수단으로 고급 휘발유를 사용하는 것이다. 그래서 고급 휘발유 사용을 지정한 엔진 중에는 압축비가 높은 하이 파워 엔진이 많으며, 일반 휘발유 사양의 엔진에는 고급 휘발유를 넣더라도 가격 차이만큼의 성능 향상을 기대할 수 없다.

수입 모델이 고급 휘발유 사양인 것은 서양의 휘발유 옥탄가가 국내와 다르기 때문이다. 예를 들어 한국에서 판매되는 휘발유의 옥탄가는 일반이 92 정도, 고급이 98~100 정도인 데 비해 미국에서 판매되는 휘발유의 옥탄가는 92, 94, 99(100)의 세 종류가 있다. 이 가운데 옥탄가가 94인 휘발유를 전제로 모터사이클이 설계되어 있기 때문에 한국에서는 고급 휘발유를 사용하도록 권한다.

Chapter 3

구동 시스템의 구조

엔진에서 만들어낸 동력이 적절하게 타이어로 전달되지 않으면 모터사이클은 달릴 수 없다. 이때 동력을 전달하는 역할을 하는 것이 '구동 시스템'이다. 여기에서는 클러치와 변속기, 기어 시프트부터 자동 변속기까지 알아본다.

자료 : F.C.C

클러치 제조 회사 F.C.C의 습식 다판 클러치. 클러치가 없으면 모터사이클의 엔진 파워를 자유자재로 다룰 수 없다.

3-1 구동 시스템의 역할
구동 시스템은 무슨 일을 할까?

모터사이클을 옆에서 바라보면 엔진에서 구동 체인이 나와 있는 것처럼 보인다. 그러나 엔진이 직접 뒷바퀴를 돌리는 것은 물론 아니다. 엔진은 분당 수천 회의 속도로 도는데, 만약 엔진이 뒷바퀴를 직접 돌린다면 뒷바퀴는 시속 수백 킬로미터에 상당하는 속도로 회전하게 된다. 이 회전수를 떨어트리는 것이 구동 시스템의 역할 중 하나다. 엔진의 회전은 뒷바퀴에 전달되기 전에 클러치와 변속기, 구동 체인 같은 구동 시스템을 경유하면서 감속한다. 이렇게 회전수가 줄어든 뒤에 뒷바퀴에 전달되는 것이다.

그렇다면 왜 엔진을 빠르게 돌리는 것일까? 안 그러면 모터사이클이 제대로 달릴 수 없기 때문이다. 모터사이클이 달리려면 그 나름의 구동력을 노면에 전달해야 하는데, 엔진이 만들어내는 토크(회전력)는 생각보다 훨씬 작은 까닭에 그 상태로는 모터사이클이 움직이지 않는다. 그래서 기어를 사용해 토크를 키운다. 이것이 구동 시스템의 또 다른 역할로, 회전수를 줄이면 토크가 증폭되는 기어의 원리를 이용한다.

충분한 토크를 얻으려면 회전수를 크게 줄여야 한다. 그러나 엔진을 애초에 천천히 돌리면 모터사이클을 움직일 수는 있지만 빠른 속도를 기대할 수는 없다. 그래서 엔진을 빠르게 돌리는 동시에 구동 시스템으로 회전수를 줄이고 토크를 키워 엔진을 보조하는 것이다.

구동 시스템의 기본

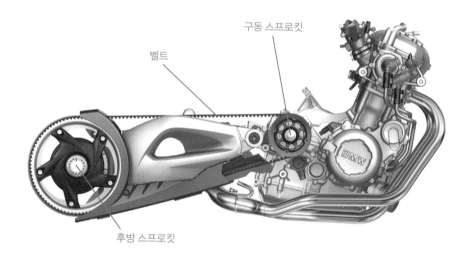

구동 스프로킷

벨트

후방 스프로킷

엔진의 동력을 모터사이클의 주행에 적합하도록 바꾸고 뒷바퀴에 전달하는 기계 장치. 이것이 구동 시스템이다.

자료 : BMW

의외로 빈약한 엔진 토크

설령 소형 스쿠터라 해도 어른 한 명과 짐을 싣고 달리는 데는 아무런 문제가 없다. 그런 소형 스쿠터의 사양을 살펴보면 엔진의 최대 토크가 4~5뉴턴미터(Nm) 정도다. 이것을 점화 플러그의 조임 토크와 비교해보면, 나사 지름이 10밀리미터인 플러그의 지정 토크가 10~12뉴턴미터로 두 배가 넘는다. 요컨대 점화 플러그조차 제대로 조이지 못할 정도로 작은 토크라는 말이다. 그래서 엔진은 빠른 회전으로 작은 토크를 메운다. 사람으로 비유하면 '연약하고 힘은 없지만 매우 빠르게 행동하는' 동력원인 셈이다.

클러치의 역할

3-2

번거로운 클러치 조작이 왜 필요할까?

설령 베테랑 라이더라 해도 도로 정체 상황에서 달리다 멈추기를 반복해야 하는 클러치 조작은 짜증나기 마련이다. 또한 초보자 중에는 클러치 조작이 서툰 사람도 적지 않다. 그렇다면 왜 이렇게 번거로운 클러치를 사용하는 것일까? 그 이유는 엔진을 동력원으로 삼고 있는 것과 관련이 있다.

엔진은 동력원으로서 여러 가지 장점이 있지만 단점 또한 적지 않다. 그래서 클러치라는 기계 장치를 사용해 단점을 보완하는 것이다. 가령 엔진은 전기 모터와 달리 스스로 시동을 걸지 못한다. 그래서 정차 중에도 엔진을 계속 돌리고 있는데, 이때 모터사이클이 움직이지 않도록 하기 위해서 클러치를 이용해 변속기 같은 구동 시스템으로부터 엔진을 떼어놓는다.

또 발진을 할 때는 정지 상태의 모터사이클을 서서히 움직여야 하는데, 엔진을 저회전으로 돌리면 힘이 부족하고, 회전을 높여서 동력을 전달하면 모터사이클이 갑자기 달려 나간다. 그래서 반클러치를 사용해 엔진이 멈추지 않도록 회전을 높이고 갑자기 달려 나가지 않도록 조금씩 동력을 전달한다. 그리고 달리기 시작한 뒤에도 기어를 변경할 때 동력을 차단하기 위해 클러치를 사용한다.

그런 까닭에 클러치를 사용하지 않을 수가 없다. 설령 자동 변속기라고 해도 발진 장치 역할을 하는 클러치는 필요하며, 클러치 조작이 필요 없는 것은 자동으로 작동하는 클러치(같은 것)가 있기 때문이다.

클러치가 있는 장소

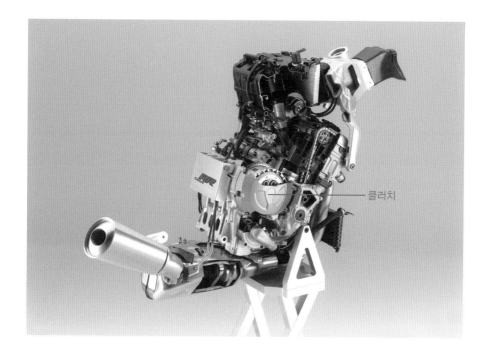

구동 시스템의 입구에 있는 것이 클러치다. 크랭크축의 뒤쪽에 있는 변속기의 옆에 위치한다. 사진은 BMW 'S1000RR'이다.

자료 : BMW

백토크 리미터

주행 중에 갑자기 스로틀을 닫거나 무리하게 기어를 내리면 강렬한 엔진 브레이크가 발생한다. 그러면 뒷바퀴가 잠기거나 튀어 올라 모터사이클은 배우 불안정한 상태가 되어버린다. 그래서 일부 모터사이클은 클러치 속에 백토크 리미터(back-torque limiter)라는 것이 들어 있는데, 이 기구는 급격한 엔진 브레이크 때문에 일어날 수 있는 위험을 줄여준다. 통상적인 상황과 반대 방향의 힘이 작용하면 자동으로 반클러치와 같은 상태를 만들어서 충격을 완화하는 것이다.

클러치의 구조
클러치는 마찰을 통해 동력을 전달한다

클러치는 엔진과 변속기 사이에서 동력을 끊었다 연결했다 하는 기계 장치다. 마찰력을 이용해 동력을 전달한다. 가령 자동차나 일부 모터사이클에서 사용하는 단판 클러치는 엔진과 함께 돌아가는 플라이휠에 변속기와 연결되어 있는 클러치판을 눌러서 동력을 전달하며, 클러치판을 누르지 않으면 동력이 전달되지 않는다.

　모터사이클은 일반적으로 여러 개의 클러치판(클러치 플레이트와 프리 쿠션 플레이트의 조합)을 사용한다. 클러치판이 많은 만큼 복잡할 것 같지만 원리는 단판 클러치와 같다. 스프링의 힘으로 플레이트와 플레이트를 눌러서 마찰력으로 동력을 전달한다. 모터사이클 같은 고출력 고회전 엔진에 적합하며, 클러치판을 여러 장으로 만들면 지름을 줄일 수 있기 때문에 공간이 제한된 모터사이클에 안성맞춤인 방식이다.

　다판 클러치에는 클러치가 오일에 젖어 있는 습식과 공기 중에 노출되어 있는 건식이 있다. 습식은 오일이 냉각시켜주는 만큼 발열성과 내마모성이 우수하고 반클러치가 원활하다는 이점이 있지만, 클러치판이 오일을 휘저어 저항이 발생하고 연결이 완전히 끊어지지 않는다는 단점도 있다.

　한편 건식은 저항이 적고 연결이 완전히 끊어지는 반면에 방열성이나 내마모성이 약한 특성이 있으며, 오일이 없기 때문에 소음도 크다. 그래서 건식은 성능을 특히 중시하는 레이싱 머신이나 일부 고성능 모델에 사용하며, 대부분의 모터사이클에는 내구성이 좋고 조작이 쉽다는 이유에서 습식을 사용하고 있다.

클러치의 구조

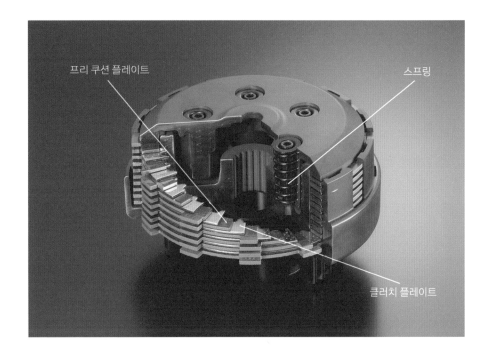

프리 쿠션 플레이트

스프링

클러치 플레이트

다판 클러치는 엔진 쪽의 플레이트와 변속기 쪽의 플레이트가 교대로 겹쳐져 있다.

자료 : F.C.C

끊어도 끊어지지 않는 클러치

겨울철 아침이면 엔진이 매우 차가워져 있을 때다. 이때 라이더들은 종종 "저속 기어로 바꿨더니 엔진이 멈췄다." "기어를 바꿀 때 충격이 느껴진다." 같은 말들을 한다. 모두 클러치의 구조 때문에 발생하는 현상으로, 클러치나 변속기가 망가진 것은 아니다. 많은 모터사이클에서 사용하는 습식 다판 클러치는 클러치판이 오일에 젖어 있는데, 온도가 낮을 때는 오일이 굳어서 클러치의 연결이 잘 끊어지지 않는다. 워밍업이 끝나서 오일의 온도가 높아지면 자연스럽게 해결된다.

MOTORCYCLE

3-4 변속기의 역할
변속기가 없으면 모터사이클은 달리지 못한다?

앞에서 설명했듯이 엔진은 회전수를 높여서 힘을 만들어낸다. 너무 빠른 회전은 구동 시스템에서 감속하는데, 이와 동시에 토크가 증폭된다. 이것은 지레와 도르래의 원리에 따른 것으로, 회전수를 2분의 1로 줄이면 토크는 2배가 되는 식이다. 이 덕분에 무거운 모터사이클을 움직이기 위한 토크를 얻을 수 있다.

그런데 단순히 일정 비율로 감속하기만 해서는 모터사이클이 제대로 달리지 못한다. 발진을 고려해 힘을 낼 수 있도록 감속하면 속도가 너무 느리고, 반대로 속도가 나도록 감속하면 발진할 때 힘이 부족하기 때문이다. 이런 문제를 해소해주는 것이 감속비를 전환하는 변속기다.

변속기는 크기가 다른 기어 두 개를 맞물려서 회전수를 변화시킨다. 회전수의 변화는 조합한 기어 크기의 비율(기어비)에 따라 결정되므로 몇 가지 기어 조합을 준비해놓고 상황에 맞춰 사용하는 기어를 바꾼다. 이것이 이른바 기어 변환으로, 시프트 페달을 조작해 적절한 기어 조합을 선택한다.

엔진의 동력은 먼저 클러치 앞에서 감속(1차 감속)된 뒤 클러치에서 변속기로 전달된다. 변속기에서는 선택된 기어로 감속된다(증속될 때도 있다). 그리고 구동 스프로킷과 구동 체인, 뒷바퀴의 드리븐 스프로킷으로 전달될 때 다시 감속(2차 감속)된다. 이렇게 여러 차례 감속을 반복하는 이유는 모터사이클의 구조상 한꺼번에 크게 감속시킬 만큼의 기어를 장착할 수가 없기 때문이다.

변속기의 구조

캠축   흡배기 밸브

피스톤

커넥팅 로드(연결봉)

구동 스프로킷

타이밍 체인

변속기

크랭크축

클러치

엔진은 회전을 높여서 힘을 만들어내기 때문에 모터사이클을 달리게 하려면 회전수를 낮춰야 한다.

자료 : BMW

기어를 변환할 때, 클러치 조작은 생략할 수 있다?

클러치 와이어가 끊어진 경험이 있는 사람은 알겠지만, 클러치를 사용할 수 없으면 모터사이클을 발진시키기가 상당히 어렵다. 그런데 기어 변환은 의외로 간단하다. 모터사이클의 변속기는 스로틀을 되돌리는 타이밍에 클러치를 사용하지 않아도 원활하게 기어를 변환할 수 있다. 참고로 클러치 와이어가 끊어진 상태에서 발진하려면 스로틀을 살짝 열고 억지로 중립에서 2단으로 바꾸거나 모터사이클에 따라서는 2단에 놓고 스타트 모터를 돌리는 방법밖에 없다.

MOTORCYCLE

3-5 기어 변환의 원리

어떻게 기어를 변환할까?

라이더는 보통 이런 생각을 한다. 최고 속도는 빠를수록 좋고, 가속도 잘돼야 한다. 여기에 넓고 한적한 도로를 고속으로 달릴 때는 가급적 엔진 회전을 줄이고 싶고, 가능하면 연비도 높았으면 좋겠다. 변속기는 이런 라이더의 바람에 부응하는 기계 장치다.

변속기는 클러치와 함께 엔진의 뒷부분에 있는 크랭크 케이스 안에 들어 있다. 변속기 내부에는 크고 작은 다양한 기어를 조합한 두 개의 축이 나란히 있는데, 그중 하나는 클러치를 통해 엔진의 동력을 전달받는 주축이고, 다른 하나는 구동 체인을 움직여 뒷바퀴에 동력을 전달하는 구동축이다. 동력은 주축에 있는 기어에서 구동축에 있는 기어로 전달되며, 이때 사용되는 기어의 조합에 따라 변속비가 결정된다.

기어의 조합은 변속 단수만큼 있다. 가령 6단 변속기라면 조합의 수는 여섯 가지다. 쌍을 이루는 기어는 항상 맞물려 있으며(이것을 상시 물림식이라고 한다), 어느 한쪽 기어는 축에 결합되지 않은 채 공회전한다. 모든 조합이 이런 상태라면 중립이다. 이때 모든 기어가 공회전하기 때문에 동력이 전달되지 않는다.

변속 페달을 조작해 기어를 선택하면 공회전하던 기어가 축과 연동하도록 결합되며, 그 결과 동력이 기어에서 변속되어 구동축에 전달된다. 변속 조작이라고 하면 사용하는 기어의 조합을 바꾼다는 이미지가 있는데, 실제로는 어떤 기어를 결합할지 선택하는 것이다.

변속기의 내부

주축

구동축

변속기는 기본적으로 회전 속도를 떨어트리지만, 5단이나 6단 같은 높은 기어는 반대로 회전 속도를 높이기도 한다.

자료 : 가와사키모터스 재팬

기어를 합체시키는 도그 클러치

공회전하는 기어와 축에 결합되어 있는 기어는 축 위에서 엇갈리도록 배열되어 있다. 어떤 변속단의 공회전하는 기어 옆에는 다른 변속단의 기어가 있다(결합된 상태). 변속 페달을 조작하면 결합되어 있는 기어가 옆으로 이동해 공회전하는 기어와 합체한다. 공회전하던 기어가 옆에 있는 결합된 기어를 통해 축과 연동하는 것이다. 기어를 합체시키는 것은 '도그 클러치'라고 부르는 기구로, 결합되어 있는 기어의 측면에 이빨이 있어서 이것이 공회전하는 기어의 홈과 맞물려 합체하는 방식이다.

MOTORCYCLE

기어 변속 방식
기어 변속에는 리턴 방식과 로터리 방식이 있다

손으로 변속 레버를 조작하는 자동차와 발로 변속 페달을 조작하는 모터사이클은 같은 기어 변속이라도 조작성이 상당히 다르다. 변속 조작을 발로 하는 모터사이클의 경우, 자동차와 달리 변속 레버를 올리면 단수가 높아지고 밟아서 내리면 단수가 낮아지는 식으로 조작이 단순하다.

또 자동차는 변속을 할 때 일단 중립 상태가 되고 그 상태에서 다음 기어를 임의로 선택할 수 있지만, 모터사이클은 중립 상태를 거치지 않고 어떤 기어에서 다음 기어로 1단씩 변속한다. 모터사이클과 같은 변속 방식을 순차 변속이라는 의미에서 시퀀셜(sequencial) 방식이라고 부르며, 중립을 거치지 않는 만큼 재빠른 변속이 가능하다. 그래서 자동차 중에서도 레이싱카에는 이 방식을 사용하고 있는데, 변속을 할 때 중간 기어를 건너뛰지 못하고 중립으로 되돌리기가 조금 번거롭다.

모터사이클의 변속 방식을 리턴 방식과 로터리 방식으로 분류하기도 한다. 리턴 방식은 대부분의 모터사이클에 사용하는 것으로, 낮은 단에서 높은 단으로 변속한 뒤 높은 단에서 낮은 단으로 변속한다. 요컨대 변속 패턴이 왕복식이다. 제일 높은 단까지 가면 다음에는 단이 낮아지는 방향으로만 조작할 수 있다.

한편 비즈니스 모터사이클에는 기어 패턴이 순환식인 로터리 방식이 사용된다. 제일 높은 단까지 올라가면 다음에는 중립, 그리고 다시 제일 낮은 단으로 변속할 수 있다. 제일 높은 단에서 곧바로 중립으로 변속할 수 있기 때문에 신문 배달 같은 자주 멈춰서야 하는 상황에서 편리하다. 하지만 잘못 조작하면 갑자기 저단으로 변속할 위험성도 있다.

기어 변속의 구조(리턴 방식)

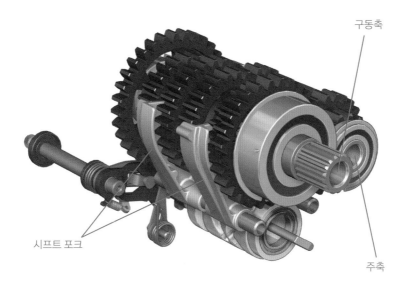

변속 페달을 조작하면 그 움직임이 시프트 드럼과 시프트 포크에 전달되며, 시프트 포트를 통해 기어가 이동한다.

자료 : BMW

클러치 페달과 핸드 시프트

일반적으로 기어 변속은 왼발로 조작하는데, 개중에는 발이 아니라 손으로 변속 조작을 하는 모터사이클도 있다. 가령 예전의(60여 년 전) 할리데이비슨은 마치 자동차처럼 손으로 변속 레버를 조작하는 핸드 시프트 방식을 사용했다. 아니, 정확히는 이쪽을 당연하게 여겼다. 그리고 클러치는 자동차처럼 발로 페달을 밟아서 조작했다. 이탈리아의 베스파는 왼쪽의 그립을 비틀어서 기어를 바꾸는 방식의 핸드 시프트를 사용했는데, 재미있게도 클러치 레버 역시 왼손으로 조작한다.

MOTORCYCLE

3-7 기어비
기어 조합은 어떻게 결정될까?

잡지에 실린 기사를 보면 "클로즈 레이시오로 기어 변속이 부드럽고……."와 같이 '클로즈 레이시오'라는 용어가 등장한다. 클로즈 레이시오는 '기어비(ratio)가 근접(close)하다'라는 의미다.

기어비가 근접하다는 말은 기어비의 차이가 작다는 뜻으로, 이런 기어 조합은 기어를 변속해도 엔진 회전수가 크게 변하지 않는다. 그러면 기어를 높일 때 가속력이 크게 떨어지지만, 반대로 기어를 내려도 회전수가 급변하지 않기 때문에 엔진이 고회전으로 돌고 있어도 기어를 1단 더 내릴 수 있다.

파워 밴드(큰 힘을 얻을 수 있는 회전수의 범위)가 좁은 고회전 고출력형 엔진은 기어 상승으로 엔진 회전수가 너무 떨어지면 가속력이 크게 저하되는데, 클로즈 레이시오는 이런 문제점을 방지하는 데 효과적이다. 그래서 비교적 파워에 여유가 없는 미들급 로드 모델은 단수를 6단으로 하고 클로즈 레이시오를 채용한다. 파워에 여유가 있는 엔진이나 회전수에 따른 파워 변화가 적은 토크 중시형 엔진을 장착한 대형 크루저 모델이라면 5단 변속을 채용하는 경우도 있다.

다만 변속 단수가 늘어나면 기계 장치가 복잡해지고 무거워진다. 또 변속 단수가 많으면 변속 조작을 더 많이 해야 한다. 요컨대 변속 단수가 많을수록 좋은 것은 아니며 엔진과의 상성이 중요하다.

기어비를 나타낸 그림

차속·구동력 그래프

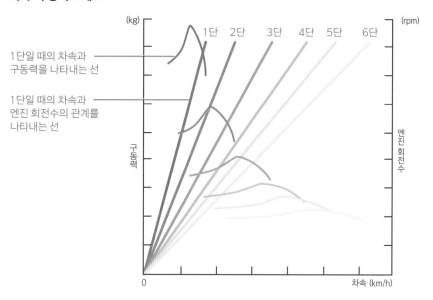

기어를 높이면 기어비의 차이에 따라 엔진 회전수가 떨어진다. 기어비의 차이가 작으면 그만큼 회전수도 떨어진다.

자료 : 혼다기연공업

주행 저항이란?

주행 저항은 모터사이클의 운동을 방해하는 작용을 말한다. 구름 저항, 공기 저항, 구배 저항, 가속 저항 등이 있다. 구름 저항은 타이어가 노면을 구를 때의 변형 때문에 발생하는 저항으로, 라이더를 포함한 모터사이클의 중량에 비례해 커진다. 또 타이어의 성격이나 공기압에도 좌우되며, 속도가 높아지면 서서히 증가한다. 공기 저항은 주행 중에 공기를 밀어낼 때 발생하는 저항이다. 오르막길을 오를 때 힘이 더 필요한 것은 구배 저항이 작용하기 때문이며, 속도를 높일 때는 가속 저항이 모터사이클의 움직임을 방해한다.

3-8 자동 변속기의 구조
스쿠터의 자동 변속기는 자동차와 같다?

수동 변속기라면 당연히 해야 하는 기어 변속은 모터사이클을 운전하는 즐거움 중 하나다. 그러나 발진과 정지를 반복할 때는 조작이 번거롭기 때문에 시가지 주행이 주목적인 스쿠터의 경우라면 자동 변속기가 일반적이다. 그리고 최근에는 '수동 변속도 할 수 있는' 자동 변속기까지 등장했다.

소형부터 대형까지 스쿠터에 사용하는 자동 변속기는 주로 V벨트 방식이다. 자동차로 치면 CVT(무단 변속기)로, 변속비를 연속적으로 변화시키는 것이 특징이다. 그래서 '무단' 변속인 것이다. 다만 CVT에는 동력을 끊었다가 이었다가 하는 기능이 없기 때문에 발진용 클러치로 자동 원심 클러치를 사용한다.

V벨트의 구조는 두 개의 풀리(벨트에 회전을 전달하는 도르래)와 두 풀리를 연결하는 벨트가 기본이다. 동력은 풀리와 벨트의 마찰을 통해 전달되며, 각 풀리의 지름을 바꿔서 변속비를 조절한다. 자동 원심 클러치는 출력(뒷바퀴) 쪽의 풀리에 부착되어서 풀리의 회전에 맞춰 서서히 동력을 전달한다.

풀리에는 V자 모양의 홈이 있으며, 입력 쪽의 풀리는 회전이 빨라지면 홈의 폭이 좁아지도록 되어 있다. 그러면 홈의 안쪽에 걸려 있던 벨트가 바깥쪽으로 밀려나는 형태가 된다. 이때 벨트의 길이는 변하지 않기 때문에 출력 쪽의 드리븐 풀리에서는 벨트가 풀리의 홈을 밀면서 넓어진다. 그러면서 안쪽을 향해 이동한다.

이렇게 해서 풀리의 지름이 '입력 쪽 〈 출력 쪽'에서 '입력 쪽 〉 출력 쪽'으로 변화하며 감속비가 작아져 속도를 낸다.

V벨트식 자동 변속 기구

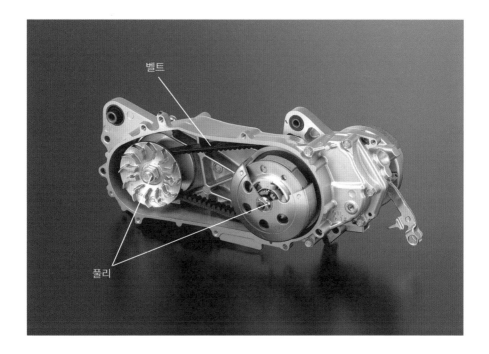

벨트

풀리

통상적인 V벨트 방식은 크기가 큰 편이지만, 수동 변속기와 비슷한 크기인 V벨트 방식도 개발되고 있다.

자료 : F.C.C

토크 컨버터 방식의 자동 변속기

자동차의 자동 변속기는 토크 컨버터를 사용한 '토크 컨버터 방식'이 일반적이다. 최근의 모터사이클에서는 거의 찾아볼 수 없는 방식이지만, 사실 토크 컨버터 방식은 50년 전의 스쿠터에도 사용되었을 만큼 역사가 깊다. 특히 유명한 것은 1977년에 혼다에서 발매한 에아라다. 에아라는 750cc 엔진에 혼다매틱이라는 자동 변속기를 탑재한 모델로, 고급스러움을 세일즈 포인트로 삼은 투어링 모터사이클이었다. 이듬해에는 400cc 모델에도 토크 컨버터 방식이 등장했지만, 양쪽 모두 인기를 끌지는 못했다.

자동 변속기의 종류

3-9

클러치만을 자동화한 원심 클러치

자동 변속기는 '수동 변속기라면 필수인 클러치 조작과 변속 조작을 자동화한 것'이지만, 개중에는 클러치 조작만을 자동화한 자동 클러치를 사용하는 모터사이클도 있다. 자동 클러치는 수동 변속기이면서 클러치 조작이 필요 없는 것으로, 비즈니스 모터사이클에 많이 채용되고 있다. 클러치 레버를 조작하지 않아도 되므로 극단적으로 말하면 왼손은 필요가 없다. 이 때문에 "원래는 배달을 나갈 때 한 손에 음식을 들고도 운전할 수 있도록 개발되었다."라는 이야기까지 있다.

자동 클러치의 대부분은 원심력을 이용한 원심 클러치를 사용한다. 이 클러치는 원심력으로 움직이는 무게 추를 이용한다. 그 무게 추의 움직임으로 클러치를 연결하는데, 엔진 회전수가 높아지면 클러치가 연결되어 자동으로 발진하는 구조다. 원리는 V벨트식의 원심 클러치와 같지만, 비즈니스 모터사이클의 원심 클러치는 일반적인 클러치와 마찬가지로 엔진과 변속기의 사이에 들어 있다.

클러치 조작은 자동이지만 변속 조작은 필요하니 왠지 어중간한 느낌이 들지만, 실제로는 클러치 조작이 필요 없는 것만으로도 운전이 상당히 편해진다. 그래서 대형 모터사이클 중에도 클러치를 조작할 필요가 없는 모델이 등장하고 있다. 예컨대 야마하의 'FJR1300AS'라는 투어러는 클러치와 변속의 전자 제어화를 통해 발진하거나 변속할 때 자동으로 클러치를 조작한다. 변속 조작도 변속 페달의 위치에 있는 풋 시프트 스위치나 핸들에 있는 핸드 시프트 스위치로 한다.

새로운 자동 변속기

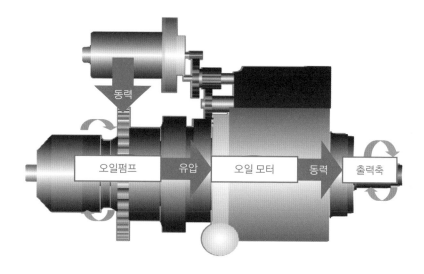

동력

오일펌프 유압 오일 모터 동력 출력축

HFT(Human Freindly Transmission)라고 부르는 자동 변속기는 크기가 작을 뿐만 아니라 유압과 함께 기계적인 움직임으로 토크를 전달해 효율이 좋다.

자료 : 혼다기연공업

유압 기계식 무단 변속기

혼다의 'DN-01'은 스포츠 모터사이클이다(125쪽 참조). 이 모터사이클에는 HFT라고 부르는 자동 변속기가 탑재되어 있다. HFT는 엔진으로 오일펌프를 가동하고 그 유압으로 오일 모터를 돌려서 변속하며 여기에 토크를 전달하는 유압 기계식 무단 변속기(CVT)다. 크랭크 케이스 안에 들어갈 만큼 작고 V벨트식 CVT보다 큰 토크를 전달할 수 있으며 반응성이 매우 우수하다.

3-10 체인 드라이브
모터사이클은 왜 체인 드라이브를 사용할까?

엔진의 출력은 체인 드라이브를 포함한 2차 감속 기구를 통해 뒷바퀴에 전달된다. 엔진에서 클러치와 변속기를 거친 동력이 여기에서 최종적으로 감속되기 때문에 '최종 감속 기구'라고 부르기도 한다.

모터사이클의 체인 드라이브는 기어처럼 생긴 스프로킷과 롤러 체인을 사용하며, 자전거와 구조가 같다. 다만 앞뒤 스프로킷의 크기는 자전거와 반대다. 변속기의 출력축에는 작은 스프로킷이, 뒷바퀴에는 큰 스프로킷이 달려 있다. 이 스프로킷에 있는 톱니 수의 차이가 최종 감속비가 된다.

체인 드라이브는 단순하고 가벼우며 비용이 저렴하다. 게다가 스프로킷을 교환하면 쉽게 감속비를 변경할 수 있다는 이점이 있어 많은 모터사이클에 사용되고 있다. 또한 가속·감속을 할 때의 충격을 완화하고 서스펜션이 위아래로 움직이면서 발생하는 전후 스프로킷 사이의 거리 변화를 흡수할 수 있다는 점도 체인 드라이브의 특색이다.

체인 드라이브는 이와 같이 수많은 장점이 있지만, 한편으로 단점 또한 적지 않다. 체인과 스프로킷을 윤활할 때 오일을 사용하는데, 외부에 노출된 체인은 쉽게 더러워지고 빗속을 달리면 금방 오일이 씻겨나가는 탓에 자주 오일을 주입해줘야 한다. 또 체인이 잘 늘어나고 스프로킷도 쉽게 닳기 때문에 정기적인 유지 관리가 필요하다. 뿐만 아니라 다른 방식에 비해 아무래도 소음과 진동이 심하다.

체인의 구조

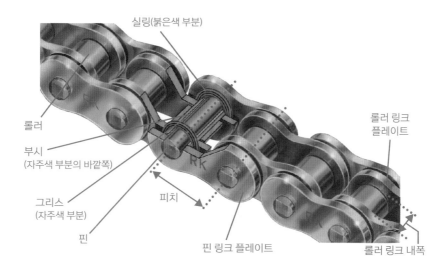

실링(붉은색 부분)

롤러

부시
(자주색 부분의 바깥쪽)

그리스
(자주색 부분)

핀

피치

핀 링크 플레이트

롤러 링크
플레이트

롤러 링크 내폭

체인에 사용하는 플레이트나 롤러는 항상 격렬한 마찰에 노출되어 있다. 이 마찰을 억제하기 위해서 윤활유가 필요하다.

자료 : RK EXCEL

체인이 늘어나는 이유

체인은 스프로킷과 맞물리는 롤러, 롤러를 사이에 두고 좌우에 나열되어 있는 안쪽의 롤러 링크 플레이트와 바깥쪽의 핀 링크 플레이트 등으로 구성되어 있다. 바깥쪽 플레이트의 양 끝에 튀어나와 있는 것은 롤러를 관통하는 핀이라는 부품으로, 이 핀이 롤러와 양쪽의 플레이트를 연결한다. 체인이 늘어나는 이유는 이 핀이나 핀과 롤러 사이에 있는 부시가 마모되기 때문이다. 실제로 체인의 부품이 늘어나는 것은 아니다. 잘 늘어나지 않는 것으로 알려진 실 체인은 핀과 부시 사이에 그리스를 봉입해 마모를 억제한다.

MOTORCYCLE

3-11 축 구동 방식과 벨트 구동 방식
대형 투어러에 많은 축 구동 방식이란?

아무리 체인 드라이브가 우수하다고 해도 역시 유지 관리가 번거롭고 오일이 옷에 묻는 것은 싫다는 사람에게는 축 구동 방식이나 벨트 구동 방식이 안성맞춤이다. 물론 양쪽 모두 소수파인 까닭에 모터사이클을 선택할 때 상당한 제한을 받게 된다는 문제점은 있다.

축 구동 방식은 체인이나 스프로킷 대신 축과 기어를 사용한 것으로, 구동축의 끝에 있는 기어가 뒷바퀴 쪽의 기어와 맞물려 동력을 전달한다. 축과 뒷바퀴는 회전 방법이 다르기 때문에 베벨 기어(우산톱니바퀴)를 사용해 회전 방향을 90도 바꾼다. 이는 변속기 쪽도 마찬가지이지만, 엔진을 세로로 배치한 경우라면 회전 방향을 바꿀 필요가 없다. 그래서 엔진을 세로로 배치하는 BMW나 모토 구찌 같은 모터사이클 중에는 축 구동 방식을 채용한 모델이 많다.

축 구동 방식은 윤활도 완벽하고 유지 관리도 최소한의 수준이면 충분하다. 내구성은 체인 드라이브에 비할 바가 아니고 소음도 억제할 수 있다. 문제는 중량과 비용으로, 이 때문에 스포츠성을 중시하는 모델이나 경량급 모터사이클에는 채용하기가 어렵다. 또 발진이나 가속을 할 때 뒷부분이 위로 들리는 특성도 작은 단점이다.

벨트 구동 방식은 체인을 벨트로, 스프로킷을 풀리로 바꾼 것이다. 체인보다 조용하고 무게도 훨씬 가볍다. 또한 오일을 주유할 필요가 없기 때문에 오일이 묻을 걱정도 없다. 다만 벨트는 체인에 비해 덜 휘어지는 까닭에 풀리가 커지고 벨트의 폭이 넓어 공간을 차지하며 비용도 많이 들어가는 등 단점도 적지 않다.

축 구동 방식의 구조

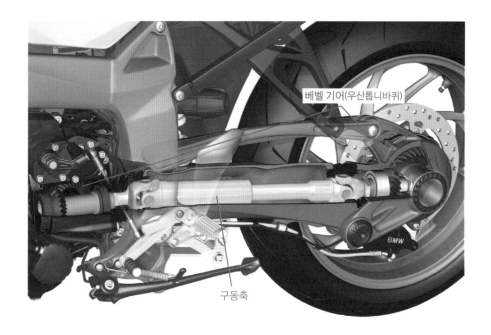

베벨 기어(우산톱니바퀴)

구동축

축 구동 방식의 역사는 의외로 오래되어서, 롤러 체인의 신뢰성이 낮았던 시절부터 사용되었다.

자료 : BMW

스쿠터는 V벨트 구동 방식?

스쿠터에 사용하는 V벨트식 자동 변속기는 풀리와 풀리를 연결하는 벨트가 체인(일반적인 모터사이클의 경우)이 있어야 할 장소에 있다. 그러나 이 벨트는 체인 드라이브 같은 2차 감속 기구가 아니다. 후방의 드리븐 풀리는 뒷바퀴를 직접 돌리지 않으며, 2차 감속 기구인 기어 메커니즘이 별도로 준비되어 있다. 따라서 스쿠터는 벨트를 사용하기는 하지만 벨트 드라이브 방식은 아니다. 굳이 따지자면 '기어 구동 방식'이라고나 할까?

MOTORCYCLE

듀얼 클러치 변속기

자동 변속기로 스포츠 라이딩을 만끽한다!

혼다는 간단한 조작으로 스포츠 주행을 즐길 수 있는 듀얼 클러치 변속기를 발표한 적이 있다. 대형 모터사이클용 자동 변속기인데, 수동 변속기를 바탕으로 클러치 조작과 변속 조작을 자동화해 효율이 좋으며 연비는 수동 변속기 차량과 비슷한 수준이다.

커다란 특징은 홀수 단용(1단, 3단, 5단)과 짝수 단용(2단, 4단, 6단)의 두 클러치를 갖춘 점이다. 변속을 할 때 한쪽 클러치를 끊고 다른 쪽 클러치를 연결한다. 이 같은 방식을 이용해 빠르면서도 충격이 없는 변속을 실현했다. 일반 주행용 'D 모드'와 스포츠 주행용 'S 모드'를 선택할 수 있고, 스위치로 변속 조작을 하는 '6단 수동 모드'도 장비되어 있다.

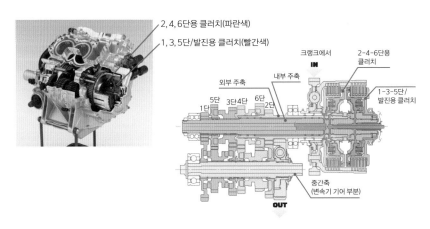

이중 구조의 주축을 채용해서 두 개의 3단 변속기를 일체화한 구조다. 빨간색 부분이 홀수 단용, 파란색 부분이 짝수 단용 클러치다.

자료 : 혼다기연공업

Chapter 4

차체의 구조

'차체'의 주된 역할은 엔진과 엔진 주변의 기기, 구동 시스템 등을 지탱하고 타이어를 적절히 연결하는 것이다. 여기에서는 프레임부터 연료 탱크, 바람을 피하기 위한 카울과 시트, 배터리, 헤드램프에 이르기까지 자세히 해설한다.

자료 : 두카티 재팬

프레임은 사람으로 치면 골격에 해당한다. 파이프를 조합해서 만드는 프레임은 모터사이클 프레임의 기본이다. 사진은 두카티 'Monster 1100S'.

차체의 기본 구조
독특한 움직임과 특성을 만들어내는 모터사이클의 차체

자동차는 마차에서 발전했기 때문에 차체의 구조도 마차를 닮았다. 상자 모양의 차체에 네 바퀴를 달고, 말을 대신하는 엔진도 역시 차체의 앞쪽에 탑재한다. 한편 모터사이클은 말을 닮았다. 몸을 앞뒤로 관통하는 기본 골격 아래 심장부(엔진 등)가 있고, 프런트 포크가 앞다리, 스윙암이 뒷다리처럼 뻗어 있다. 다만 모터사이클은 라이더뿐만 아니라 기계 장치 자체가 외부에 노출되어 있으며, 말과 달리 세워놓으면 쓰러진다.

상자 모양의 차체를 가진 자동차는 기계 장치와 승무원 모두 평면적으로 나열되지만, 모터사이클은 차체를 기울여서 방향을 바꾸기 때문에 자동차처럼 만들 수가 없다. 그래서 엔진 위에 연료 탱크와 시트가 있고, 시트 위에 라이더가 타는 등 세로로 쌓아올리는 형태가 되었다.

이에 따라 모터사이클은 폭이 좁은 대신 무게중심이 높고 휠베이스가 짧은 까닭에 전후 방향의 하중 이동과 자세 변화가 크다. 급가속을 하면 앞바퀴의 하중이 극단적으로 작아지며, 때로는 허공에 들리기도 한다. 또 급제동을 할 때는 거의 모든 하중이 앞바퀴에 걸린다.

모터사이클 특유의 주행성은 이와 같은 특성에 기인하는데, 하중과 자세를 제어하기가 어렵기 때문에 운전에 나름의 테크닉이 요구된다. 모터사이클은 자동차와 비교될 때가 많지만 사실 차체의 구조가 매우 다른 까닭에 자동차처럼 누구나 금방 탈 수는 없다.

차체의 구조

야마하 'YZF-M1'

운동 성능을 중시하는 모터사이클은 관성에 따른 악영향을 줄이기 위해 기계 장치를 무게중심 근처에 놓는다.

자료 : 야마하발동기

한마음이 되어 달린다?

모터사이클은 걸터앉아서 타기 때문인지 흔히 말에 비유한다. 모터사이클 자체가 말과 비슷하다는 점을 생각하면 라이딩은 승마와 통하는 측면이 있는지도 모른다. 그러나 곰곰이 생각하면 모터사이클의 조종 방식은 말과 비슷한 것 같으면서도 다르다. 승마에서는 '기수가 말과 한마음이 되어 달리는' 것을 인마일체(人馬一體)라고 하는데, 모터사이클은 라이더의 조작에 반응해 움직일 뿐 라이더의 마음까지 알아주지는 못한다. 따라서 모터사이클은 라이더가 보다 적극적으로 몸을 움직여서 조종해야 한다.

MOTORCYCLE

4-2 모터사이클의 스타일
온로드 계열과 오프로드 계열

모터사이클을 스타일로 분류하면 크게 온로드 계열과 오프로드 계열로 나눌 수 있다. 그리고 마치 생물이 진화하듯이 분화한 결과 매우 다양한 카테고리가 탄생했다.

주류라고 할 수 있는 온로드 계열은 주로 포장도로에서 주행할 것을 가정한 모터사이클이다. 온로드 계열에는 먼저 주행 성능을 추구해 스포츠성을 높인 슈퍼스포츠와 장거리 주행 기능성을 높인 투어러가 있다. 슈퍼스포츠와 투어러 모두 카울(바람막이)이 있는 모델이 대부분이다. 또한 투어러에는 주행 성능을 중시한 스포츠 투어러나 자동차와 같은 쾌적성을 갖춘 미국풍의 빅 투어러 등 여러 종류가 있다.

네이키드(naked)는 슈퍼스포츠와 투어러의 중간 성능을 갖추고 있어서 전천후로 사용할 수 있는데, 그 이름처럼 카울이 없다. 전통적인 스타일을 답습한 모터사이클도 볼 수 있다. 그리고 크게 누운 프런트 포크와 넉넉한 포지션이 특징인 모터사이클이 예전에는 아메리칸이라고 부르기도 했던 크루저다. 또한 스쿠터나 비즈니스 모델도 온로드 계열로 분류할 수 있다.

오프로드 계열은 포장도로는 물론이고 흙길과 오프로드 주행까지도 염두에 둔 모터사이클이다. 주류는 듀얼 퍼포즈라고 부르는 유형으로, 온로드 성능과 오프로드 성능의 균형을 맞춘 네이키드 이상의 전천후 모터사이클이라고 할 수 있다. 모터크로스와 같은 성능을 갖춘 스프린트 타입이나 트라이얼 못지않은 험로 주행이 가능한 트래킹 타입, 나아가 장거리 투어링(touring)까지 염두에 둔 빅 오프로더 등도 있다.

새로운 장르의 온로드 모터사이클

혼다 'DN-01'

'오토매틱 스포츠'를 표방하는 혼다의 'DN-01'은 자동 변속기로 스포츠 주행을 즐긴다는 새로운 스타일을 제안했다.

자료 : 혼다기연공업

온로드 계열과 오프로드 계열의 크로스오버

오프로드 계열의 모터사이클은 흙길 같은 오프로드 주행이 장기인데, 그 날렵하고 가벼운 차체를 온로드의 주행에 활용하고자 만든 것이 바로 슈퍼 모타드다. 블록 타이어를 작은 지름의 온로드 타이어로 바꾼 것이다. 또 오프로드 계열의 날렵한 차체에 조금 커다란 엔진을 장착하고 하프카울까지 장비한 것이 알프스 로더라고 부르는 유형으로, 빅 오프로더를 좀 더 온로드 계열에 가깝게 만든 것이다. 오프로드 주행 성능을 희생하고 고속 주행 등 온로드 성능을 중시했기 때문에 투어러로 사용하기 좋다.

MOTORCYCLE

프레임의 역할
모터사이클 프레임의 기반은 자전거

자동차가 모노코크 프레임을 채용한 데 비해 대부분의 모터사이클은 파이프를 조합해 프레임을 만든다. 비유하자면 자동차는 딱딱한 외골격을 가진 곤충이고 모터사이클은 몸의 내부에 골격을 지닌 포유류 같은 척추동물이라고 할 수 있다. 피부와 근육에 덮여 있기는 하지만 뼈들이 몸을 지탱하고 있는 구조라는 점에서는 차이가 없다.

프레임은 말하자면 모터사이클의 기본이다. 엔진이나 변속기 같은 기계 장치, 앞뒤의 서스펜션 그리고 연료 탱크와 시트 등을 부착하는 토대가 된다. 엔진이나 서스펜션 등에서 전달되는 힘을 흡수하기도 한다. 또 모터사이클의 크기나 휠베이스(차축 거리), 무게중심의 위치 등도 프레임에 따라 대략적으로 결정된다.

모터사이클의 원형은 자전거에 엔진을 실은 것으로, 프레임도 처음에는 자전거와 같았다. 파이프를 조합해서 만든 프레임에 엔진을 싣고, 연료 탱크와 시트를 장비하고, 뒤쪽에 서스펜션이 채용되면서 서서히 변화했다. 그 결과 현재와 같은 프레임의 원형이 탄생했다. 비즈니스 모터사이클에는 파이프가 아니라 프레스 성형 프레임도 사용되고 있지만, 지금도 많은 모터사이클이 파이프로 구성된 프레임을 채용하고 있다.

그런데 고성능화가 진행되자 자전거의 발전형 같은 프레임으로는 능력을 충분히 발휘할 수 없게 되었고, 그 결과 엔진을 강도 부재(구조물의 뼈대를 이루는 데 중요한 요소가 되는 여러 가지 재료)의 일부처럼 사용하는 다이아몬드 프레임이나 굵은 알루미늄 각 파이프를 사용한 프레임 등 모터사이클 특유의 프레임이 채용되기에 이르렀다.

모터사이클의 프레임(트러스 프레임)

두카티 'Monster 1100S'

파이프를 조합한
'트러스 구조'

동력 성능이 높아짐에 따라 골격이 되는 프레임에도 고성능이 요구되었다. 그 결과 모터사이클의 프레임도 다양한 형태로 진화했다.

자료 : 두카티 재팬

철교 같은 트러스 프레임

트러스 프레임은 철교나 대형 크레인에 사용하는 구조로, 삼각형을 여러 개 조합한 형태를 띤다. 모터사이클의 프레임으로서는 보기 드문 부류에 속하는데, 두카티가 사용하는 프레임으로 유명하다. 가는 파이프 여러 개를 사용해 만들기 때문에 구조가 복잡하고 만들기도 번거롭지만, 고강성과 경량화를 꾀할 수 있다는 장점이 있다. 또 디자인 측면에서도 개성 있는 분위기를 낼 수 있다. 재질은 강철 이외에 알루미늄을 쓰는 경우도 있다.

MOTORCYCLE

4-4 프레임의 구조
기본은 크래들형과 다이아몬드형

모터사이클의 프레임을 살펴보자. 가장 기본적인 프레임은 전방 윗부분에 스티어링(프런트 포크를 뜻하며 이륜자동차의 앞바퀴를 지지하고 현가장치 역할을 한다)을 달고 차체 중앙의 아랫부분에 스윙암(swing arm)을 다는 레이아웃이다. 스쿠터를 제외하면 엔진이나 시트의 위치도 큰 차이가 없다. 그러나 각 부재의 레이아웃에 따라 다양한 모습의 프레임을 사용한다.

예전부터 많이 사용했고 현재도 프레임의 기본이라고 하는 것은 크래들 프레임과 다이아몬드 프레임이다. 크래들(cradle)은 '요람'이라는 의미로, 요람처럼 엔진을 밑에서 감싸 안듯이 떠받친다. 다운튜브(down tube, 엔진 앞쪽의 파이프)를 포함해 두 개의 파이프로 떠받치는 것을 더블 크래들, 다운튜브가 엔진 밑에서 두 개로 갈라지는 것을 세미 더블 크래들이라고 한다.

다이아몬드 프레임은 다운튜브가 없는 대신 엔진을 프레임의 일부로 이용한다. 이와 같은 방식으로 등뼈에 해당하는 부분에 굵은 프레임을 사용한 백본(backbone) 프레임이 있으며, 양쪽 모두 경량화를 꾀할 수 있다는 이점이 있다.

프레임의 재료는 기본적으로 강철이었지만, 1980년대에 알루미늄 프레임이 등장하자 프레임의 형상도 크게 바뀌었다. 대표적인 것이 슈퍼스포츠에서 흔히 볼 수 있는 트윈 슈퍼 프레임(트윈 튜브 프레임)이다. 헤드 파이프에서 스윙암 피벗을 연결하는 메인 프레임에 단면이 '눈 목(目) 자'나 '날 일(日) 자'로 생긴 굵은 각 파이프를 사용한 것으로, 고강성과 경량화를 동시에 달성할 수 있는 방식이다.

모터사이클의 프레임(알루미늄제 델타 박스 프레임)

헤드 파이프

메인 프레임

스윙암 피벗

모터사이클의 성능을 높이기 위해 프레임은 오로지 강성을 높이는 방향으로 발전해왔다. 그런데 최근에는 프레임의 휘어짐을 적극적으로 이용하는 경향도 볼 수 있다.

자료 : 야마하발동기

스쿠터의 프레임

과거 스쿠터는 자동차처럼 모노코크 프레임이었지만(베스파는 지금도 모노코크다), 현재는 프레임이 숨어 있을 뿐 플로어나 커버 밑에 엄연히 프레임이 있다. 일반적인 모터사이클과는 달리 상부 프레임이 없어 형식상으로는 백본 프레임에 속하며, 강철 파이프로 만드는 것이 일반적이다. 또한 빅 스쿠터의 경우, 알루미늄 주물 프레임을 채용하기도 한다. 참고로 언더본(커브 스타일) 모터사이클의 프레임도 형태는 조금 다르지만 백본 프레임을 사용한다.

4-5 연료 탱크의 구조
연료 탱크의 위치는 전부 같다?

예전부터 모터사이클의 연료 탱크는 엔진 위, 시트 앞에 위치하는 것이 기본이다. 스쿠터를 제외하면 지금도 크게 달라지지 않았다. 공간이 제한되어 있는 모터사이클에는 달리 적당한 위치가 없다 보니 어느새 시트 앞쪽이 지정석처럼 되어버린 것인데, 사실 연료 탱크로 보이는 것이 연료 탱크가 아닌 모터사이클도 있다.

가령 슈퍼스포츠 중에는 탱크 안에 에어 클리너가 들어 있는 모델도 있다. 흡기 통로를 직선으로 만들어 효율을 높이기 위한 궁리인데, 에어 클리너의 후방이나 시트 아래 등에 진짜 연료 탱크를 둬서 무거운 물건을 차체의 중심에 가까이 놓거나 (이것을 질량의 집중화라고 한다) 무게중심을 낮추고자 하는 의도도 있다.

V형 엔진을 탑재한 모터사이클 중에서도 역시 탱크 부분에 에어 클리너가 있는 것을 볼 수 있다. 또 탱크 부분은 헬멧 등을 넣어둘 수 있는 공간으로 만들고 진짜 연료 탱크는 시트 밑에 두는 모터사이클도 있다.

모터사이클의 경우, 휘발유를 탱크에서 자연 낙하시키는 방식이 일반적이다. 탱크 아래에 휘발유의 흐름을 조절하는 연료 콕이 있고, 연료가 여기에서 기화기를 향해 흐르는 구조다. 그런데 시트 아래에 탱크를 배치하면 휘발유를 내보내는 연료 펌프가 필요하다. 기화기를 채용한 모터사이클이라면 이것이 낭비가 될 수 있지만, 애초에 연료 펌프가 필요한 인젝션을 채용하고 있다는 사실을 생각해보면 큰 문제는 아니다.

흡기 시스템과 동거하는 연료 탱크

에어 클리너

연료 탱크

인젝터

연료 펌프

겉모습은 연료 탱크이지만 사실은 탱크 모양을 한 커버다. 슈퍼스포츠를 비롯해 이런 방식을 채용하는 모터사이클이 늘어나고 있다.

자료 : 야마하발동기

연료 콕의 구조

연료 콕에는 'ON' 'OFF' 'RES'의 세 가지 포지션이 있다. RES는 'REServe'(리저브), 즉 '예비'의 약자다. ON일 때와 RES일 때 휘발유가 들어오는 구멍의 높이가 다르다. '리저브 탱크'라고도 하지만 전용 탱크가 있는 것은 아니다. 콕의 끝부분은 탱크 속에 튀어나온 파이프처럼 생겼다. ON일 때는 긴 파이프에서 휘발유가 흘러나오며, 휘발유가 줄어들어 액면이 낮아지면 흐르지 않는다. 이때 콕을 RES로 전환하면 짧은 파이프에서 휘발유가 흘러나와 남은 휘발유를 사용할 수 있다.

4-6 카울의 역할
바람을 내 편으로 만드는 장비

바람을 맞으며 달리는 것은 모터사이클 특유의 즐거움이다. 그러나 여유롭게 달릴 때라면 몰라도 고속으로 달리는 경우라면 이야기가 달라진다. 그때까지 상쾌했던 바람이 라이더를 괴롭히는 것이다. 그래서 고속 주행이 당연한 투어러 모델에는 라이더를 강렬한 바람으로부터 보호하는 카울이 장비되어 있다.

카울의 바람막이 효과는 굉장하다. 바람 때문에 생기는 소음이 줄어들고, 헬멧이 위로 들리거나 옷이 펄럭이는 현상도 억제되며, 적은 양의 비가 내릴 때는 우산 역할도 한다. 커다란 풀 카울은 물론이고 설령 헤드램프 주위에만 있는 비키니 카울이라 해도 카울이 있는 것과 없는 것은 쾌적성에서 커다란 차이가 난다.

그런 카울의 또 다른 효과가 공기역학적인 측면에서 드러난다. 투어러 모델의 카울이 바람을 막아 쾌적성을 높이는 데 비해, 슈퍼스포츠에 있는 카울은 바람을 자신의 편으로 만들어 고속 성능을 향상한다. 이 카울은 스크린이 낮고 전체적으로 크기가 작다. 또 고속 성능을 중시한 스포츠 투어러도 조금 작은 카울을 사용한다. 최고속도가 시속 300킬로미터나 되는 모터사이클도 있으므로 당연히 초고속 크루징을 할 때도 있는데, 바람을 받는 면적을 최대한 줄여서 공기 저항을 적게 받도록 하는 것은 엔진 성능 못지않게 중요한 요소다.

스크린이 낮으면 라이더가 바람을 고스란히 맞을 수 있는데, 그럴 때는 라이더가 연료 탱크 위에 엎드려서 회피한다. 그래서 슈퍼스포츠의 탱크는 헬멧을 쓴 머리를 숨길 수 있도록 앞쪽을 낮게 만든다.

슈퍼스포츠의 카울

초고속 크루징의 세계에서는 미러의 하우징 형상도 공기역학적인 성능에 커다란 영향을 미친다.

자료 : 혼다기연공업

공기 저항을 줄이고 바람을 이용한다

공기 저항은 속도의 제곱에 비례해서 커지기 때문에 고속 주행을 할 때는 주행 저항이 크게 증가한다. 물리 법칙은 우리가 어떻게 할 수 없지만, 공기역학적인 성능을 높일 수 있다면 고속 주행 도중에 받는 공기 저항의 수준을 낮출 수 있다. 카울의 디자인도 불필요한 저항을 줄이기 위해 탄생한 것으로, 바람의 흐름을 교묘하게 제어하는 수단이다. 또 저항을 줄일 뿐만 아니라 앞바퀴가 들리는 현상을 억제하고 고속 코너링을 할 때의 조작성과 안전성을 높이는 것도 카울의 중요한 역할이다.

MOTORCYCLE

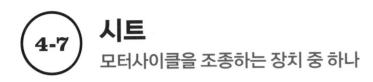

시트
모터사이클을 조종하는 장치 중 하나

4-7

두꺼운 시트에 걸터앉아 다리를 풋보드에 대충 올려놓는다. 크루저나 빅 스쿠터의 경우 이런 느긋한 라이딩 스타일도 매력이다. 그러나 시트와 스텝의 기능은 단순히 몸과 발을 올려놓는 것이 아니다.

모터사이클의 시트에는 여러 가지 형태가 있는데, 기본 구조는 전부 비슷하다. 금속 혹은 플라스틱으로 만든 시트 베이스(저판) 위에 발포 우레탄으로 모양을 만든 쿠션재를 올려놓고 그것을 폴리염화비닐이나 나일론 등의 표피로 감싼다. 쿠션재는 문자 그대로 충격이나 진동을 흡수하는 쿠션으로, 쾌적성을 중시한다면 일정 수준의 두께가 필요하다. 다만 소파처럼 푹신푹신하면 오히려 기분이 나쁘므로 적당히 부드러우면서도 탄력이 있어서 몸을 확실히 지탱해줄 수 있어야 한다. 또한 표피는 너무 미끄러워도 곤란하고 너무 미끄럽지 않아도 곤란하기 때문에 미묘한 균형이 요구된다.

과거에는 모든 모터사이클에 똑같은 시트를 사용했지만, 서서히 모터사이클의 유형에 맞는 여러 시트가 사용되기 시작했다. 가령 슈퍼스포츠의 시트는 주행성을 중시할수록 얇아지고, 모터크로스에는 날렵하고 평평한 시트가, 크루저에는 쾌적성을 가미한 두꺼운 시트가 쓰인다. 그리고 전천후 모델인 네이키드는 스포츠 라이딩과 장거리 투어링에도 지장을 주지 않는 적절한 두께의 시트를 사용한다.

슈퍼스포츠의 시트

시트   탠덤 시트

시트의 두께나 형상에는 모터사이클의 성격이 나타나 있다. 슈퍼스포츠에는 매우 얇은 시트를 사용한다.

자료 : 야마하발동기

발 디딤성이 나쁜 시트

몸집이 작은 라이더에게 발디딤은 중요한 문제다. '한쪽 발로 까치발을 딛고 서야 하는' 상태라면 안심하고 신호를 기다릴 수도 없다. 물론 너무 높은 시트가 문제인 경우가 많지만, 간과하기 쉬운 것이 시트나 모터사이클 자체의 폭이다. 시트가 다소 높더라도 폭이 좁으면 가랑이 아래 길이에 여유가 생기기 때문에 허벅다리가 닿는 시트의 모서리를 깎기만 해도 발을 쉽게 디딜 수 있다. 또 서스펜션을 세팅해서 차고(車庫)를 낮출 수 있으며, 모터사이클에 따라서는 차고가 낮은 사양을 선택할 수도 있다.

MOTORCYCLE

4-8 배터리의 역할

배터리는 스타트 모터를 위해서 존재한다?

램프 종류나 점화 시스템, 엔진을 시동하는 스타트 모터 그리고 최근에는 연료 인젝션까지, 모터사이클은 곳곳에서 전기를 사용한다. 아무리 휘발유로 달린다고는 하지만 요즘 모터사이클은 전기 없이 움직이지 못한다. 이처럼 중요한 전기를 공급하는 것이 발전기와 배터리 같은 기계 장치다.

배터리는 전지의 일종으로, 1회용 건전지와는 달리 충전이 가능하며 반복해서 사용할 수 있다. 이런 전지를 2차 전지라고 하는데, 모터사이클에는 납 배터리를 사용한다. 배터리의 역할은 전자 장비에 전기를 공급하는 것이다. 가장 중요한 일은 스타트 모터를 돌리는 것이라고 할 수 있다.

스타트 모터를 돌리기 위해서는 큰 전류가 필요하기 때문에 배터리의 전기가 적을 경우 엔진 시동을 걸지 못한다. 그런 까닭에 스타트 모터를 장착한 모터사이클은 배터리가 크다. 그러나 스타트 모터 이외에도 전기를 사용하는 장치가 많은 까닭에 가만히 있으면 배터리의 전기는 계속 줄어들고 만다. 그래서 충분한 전기를 비축해 놓도록 발전기를 사용해 항상 충전을 한다. 배터리라고 하면 잔량이 줄어들었을 때 충전을 한다는 이미지가 있는데, 모터사이클의 경우는 그렇지 않다.

헤드램프 등에 사용하는 전기도 일부를 제외하면 기본적으로 발전기가 담당한다. 그러므로 배터리는 엔진 시동을 걸기 위한 전기를 모아놓는 장치라고 할 수 있다. 다만 발전기만으로 감당할 수 없을 때는 배터리의 전기도 사용한다. 또 발전기는 엔진의 힘으로 돌리기 때문에 엔진이 멈췄을 때도 배터리가 전기를 공급한다.

모터사이클의 전기 계통

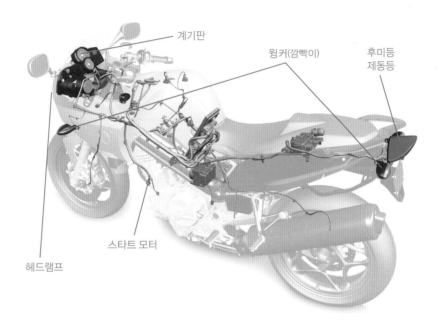

계기판

윙커(깜빡이)

후미등
제동등

스타트 모터

헤드램프

인젝션과 ABS 등을 채용하면서 모터사이클에도 많은 전자 제어 장치가 들어간다. 그만큼 배터리와 발전기의 역할이 커지고 있다.

자료 : BMW

배터리액이 줄어드는 이유

배터리액은 충전 시(특히 과충전 시) 전기 분해를 거치면서 수소나 질소가 되어 방출되거나 자연적으로 증발하면서 서서히 줄어든다. 그대로 방치하면 배터리액이 부족해져 극판이 노출되고 이 때문에 배터리 수명이 줄어들 뿐만 아니라 폭발의 원인이 될 수도 있다. 그래서 일반 배터리의 경우, 배터리액(증류수)을 보충해줘야 한다. 최근에는 수소와 산소를 흡수해서 물로 환원하는 MF(Maintenance Free) 배터리가 주류다. 배터리액의 감소를 억제하는 배터리이기 때문에 유지 관리에 수고가 덜 들어간다.

MOTORCYCLE

배터리의 구조
황산과 납의 반응을 통해 방전·충전한다

배터리 내부는 여섯 개의 방으로 나뉘어 있다. 이것은 납 배터리의 기전력이 약 2볼트에 불과해 12볼트를 얻으려면 여섯 개를 연결해야 하기 때문이다. 건전지를 직렬로 연결해 사용하는 것과 같다. 하나의 배터리로 보이지만 사실은 복수의 배터리로 구성되어 있는 셈이다.

납 배터리는 두 극판과 전해액의 화학 반응을 이용해 방전과 충전을 하며, 플러스극에는 이산화납, 마이너스극에는 납(해면상납), 전해액으로는 묽은 황산을 사용한다.

반응 원리를 살펴보면, 먼저 방전을 할 때는 이산화납이나 납이 황산과 반응해 두 극판에 황산납을 생성하며, 이때 전자의 이동을 통해 전기가 발생한다. 또 황산 속의 수소와 이산화납 속의 산소에서 물이 만들어진다. 그 결과 황산이 없어지고 물이 생기므로 전해액은 묽어져 비중이 낮아진다. 이것이 전해액의 비중으로 충전 상태(완전 충전 시 1.280)를 알 수 있는 이유다. 묽어진 전해액은 추위에 얼어붙을 수도 있다.

충전될 때는 이와 정반대의 반응이 일어난다. 배터리에 전기를 흘리면 황산납은 원래의 상태인 납과 이산화납, 황산으로 되돌아간다. 배터리는 이런 반응을 반복하는데, 충전을 하면 원래 상태가 된다고는 하지만 예전 상태로 완전히 돌아가지는 못한다. 가령 황산납이 서서히 분해되지 않아 극판을 뒤덮는다. 그 결과 유효하게 사용할 수 있는 면적이 감소할 때가 있다. 그러면 전기가 잘 흐르지 않고 배터리의 용량이 점점 줄어든다. 그리고 이러한 증상이 더욱 진행되면 전압은 정상인데 스타트 모터가 돌아가지 않는 상황이 벌어진다. 즉, 수명을 다한 것이다.

배터리의 구조

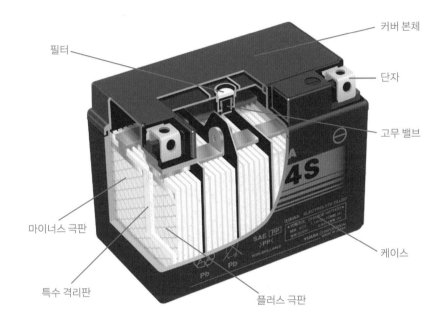

필터

커버 본체

단자

고무 밸브

마이너스 극판

특수 격리판

플러스 극판

케이스

엔진은 가동되지 않으면 상태가 나빠진다. 배터리도 이와 마찬가지여서, 양호한 상태를 유지하려면 적당히 사용하는 것이 중요하다.

자료 : GS유아사배터리

배터리는 저절로 방전된다

배터리는 물이 증발하듯이 조금씩 저절로 방전된다. 이것을 자기 방전이라고 한다. 즉시 충전하면 문제가 없지만, 방전된 채로 방치하면 극판에 결정화된 황산납이 쌓여서 배터리의 성능은 저하한다. 또 한꺼번에 대량의 전기를 방전(과방전)시켰을 경우도 황산납이 대량으로 발생해서 충전을 해도 원래 상태로 되돌아가지 않는다. 그러므로 설령 신품 배터리라 해도 무리하게 방전을 시키면 금방 못쓰게 될 우려가 있다.

MOTORCYCLE

4-10 발전기의 구조
엔진의 힘으로 전기를 만드는 발전기

발전기는 코일과 자석을 이용해 전기를 만드는 장치로, 그 구조는 모터와 비슷하다. 다만 모터는 코일에 전기를 흘려서 회전력을 만들어내는 데 비해 발전기는 이와 반대로 코일이나 자석을 돌려 코일에서 전기를 만들어낸다.

모터사이클에 사용하는 발전기는 교류 전기를 만드는 장치로, 알터네이터나 AC 제너레이터라고 부른다. 참고로 발전기 본체에 AC 제너레이터와 정류기(후술)가 한 세트로 들어간 것을 알터네이터라고 부르기도 한다. 모터사이클은 직류 전기를 사용하기 때문에 과거에는 DC 제너레이터라고 부르는 직류 발전기를 사용하기도 했지만, 지금은 작고 구조가 간단하며 발전 효율이 좋은 교류 발전기를 사용한다.

대부분의 경우 발전기는 크랭크 케이스의 가장자리에 달려 있다. 이것은 크랭크 케이스 쪽에 발전 코일을 고정하고, 그 바깥쪽에서 자석이 달린 플라이휠을 돌려 전자기 유도를 이용해 발전하는 방식이다. 또 이와는 별도로 실린더 뒤쪽에 배치하는 유형의 발전기도 있으며, 이것은 병렬 멀티 엔진에서 사용한다.

어떤 방식이든 교류 발전기에서 만든 전기를 그대로 사용할 수는 없다. 먼저 정류기(렉티파이어)를 이용해 교류에서 직류로 변환하며, 레귤레이터로 전압이 너무 높아지지 않도록 조절해 배터리의 과충전을 방지한다. 모터사이클에는 이 둘을 일체화한 레귤레이터 렉티파이어(regulator rectifier)라는 장치를 많이 사용한다.

크랭크 케이스 가장자리의 발전기

발전기

이 사진은 모터사이클의 엔진이다. 엔진의 오른쪽 아래에 있는 커버를 주목하자. 그 속에 있는 것이 바로 발전기
다. 발전기는 크랭크축의 회전을 이용해 전기를 만든다.

자료 : BMW

배터리리스란?

모터사이클에 반드시 배터리가 장착되어 있는가 하면 그렇지는 않다. 오프로드 모델
에는 전자 장비 계통에서 무거운 배터리를 배제한 '배터리리스'(batteryless)라는 방
식이 있다. 원동기장치자전거에는 배터리가 방전되어도 킥을 하면 시동이 걸리는 모
델이 있는데, 이것은 점화 시스템을 배터리에 의존하지 않는다. 이와 마찬가지로 배
터리리스도 발전기의 전기로 움직이도록 만들어져 있다. 다만 발전기만으로는 모든
전기를 충당할 수 없기 때문에 작은 배터리처럼 작동하는 콘덴서라는 전자 부품을
사용한다.

4-11 헤드램프의 밸브
할로겐램프는 왜 밝을까?

지금은 헤드램프도 밝아졌지만, 할로겐램프가 등장하기 전까지는 한숨이 나올 만큼 어두웠다. 고급 온로드 모터사이클의 헤드라이트라 해도 비가 내리면 노면의 흰 선은 고사하고 갓길이 어디까지인지조차 알 수 없을 만큼 빈약했다.

그 무렵의 헤드램프는 광원으로 일반 백열전구를 사용했다. 제동등의 전구를 조금 크게 만든 것으로, 노란색을 띤 빛을 발할 뿐 주위를 밝게 비추기는 도저히 불가능했다. 그러나 할로겐램프가 등장하자 상황이 달라졌다. 모터사이클의 헤드램프는 극적으로 밝아졌고, 오랫동안 계속되었던 '암흑시대'는 막을 내렸다. 그리고 지금도 할로겐램프는 헤드램프의 주류를 이루고 있다.

백열전구는 필라멘트에 전류를 흘려 온도를 높이고 빛을 내는 구조다. 그런데 필라멘트에 사용하는 금속은 증발(승화)되어 점점 줄어들며, 증발된 금속은 내부의 유리에 달라붙는다. 그래서 수명이 짧고, 수명이 다되면 검게 그을어 어두워진다. 한편 할로겐램프는 내부에 할로겐 가스를 봉입한 할로겐밸브라는 전구를 사용한다. 할로겐밸브도 필라멘트는 증발하지만, 증발한 금속이 할로겐 가스와 결합해 다시 필라멘트로 돌아가는 현상(할로겐 사이클이라고 한다)이 일어나기 때문에 필라멘트의 수명이 길고 전구 내부도 검게 그을지 않는다. 또 필라멘트가 잘 끊어지지 않는 덕분에 온도를 더 높여서 밝은 빛을 낼 수 있어 일반 백열전구보다 밝다.

할로겐램프를 사용한 헤드램프

모터사이클은 자동차에 비해 진동이 많기 때문에 모터사이클용 할로겐램프에는 내구성을 높이기 위한 대책이 마련되어 있다.

자료 : 야마하발동기

장점이 많은 LED 램프

최근에는 윙커나 후미등 등에 LED 램프가 많이 사용되고 있다. LED는 발광 다이오드라고도 하는데 소비 전력과 발열이 적고, 수명이 길며, 휘도가 높다. 게다가 지향성이 강하고, 응답성이 좋다는 특징이 있어 적은 전력으로 밝고 잘 끊어지지 않는 램프를 만들 수 있다. 또 몇 개의 LED를 조합하기 때문에 디자인상의 제약이 적어 참신한 디자인의 헤드램프를 만들 수 있다.

4-12 디스차지 램프의 구조
필라멘트가 없는 디스차지 램프

최근에는 디스차지 램프(discharge lamp)가 헤드램프로서 주목을 끌고 있다. 명칭만 들어서는 무슨 특별한 최첨단 기술이 사용된 것처럼 생각할지 모르지만, 사실은 기존의 기술을 응용한 것으로 원리는 형광등이나 수은등과 같다. 참고로 디스차지 램프는 HID(High Intensity Discharge. 고휘도 방전) 램프, 크세논램프 등으로도 불리는데 전부 같은 것이다.

디스차지 램프는 'discharge'(방전)라는 이름처럼 방전 현상을 이용해 빛을 낸다. 그래서 할로겐밸브와 달리 전구에 필라멘트를 사용하지 않는다. 버너의 내부에 고압의 크세논 가스를 봉입하고 전극 사이에 전압을 가해 발광(방전)을 시키면 태양광선처럼 하얀 빛을 낸다. 일반적인 할로겐램프와 비교할 때 약 3분의 2 정도의 소비전력으로 약 3배나 되는 밝기를 얻을 수 있다. 요컨대 전기는 적게 먹으면서 더 밝다. 게다가 필라멘트를 사용하지 않기 때문에 수명도 훨씬 길다.

이렇게 보면 장점만 있는 것 같지만, 사실은 단점도 적지 않다. 가령 점등 직후에는 빛이 약하고 빛이 안정되기까지 시간이 걸리기 때문에 패싱 램프로는 사용하기 어렵다. 또 점등(기동) 시에 2만 볼트나 되는 전압을 사용하기 때문에 전용 점등 제어 유닛이 필요하고 할로겐램프에 비해 시스템이 복잡하며 비용도 많이 든다. 공간이 제한되어 있는 모터사이클에 부담스러운 조건이고, 특히 점등 제어 유닛을 부착할 장소를 찾기가 어려울 때도 많다.

디스차지 램프(HID 램프)의 밸브

프로젝터 램프용

리플렉터 램프용

디스차지 램프는 그 밝기가 할로겐램프에 비할 바가 아니다.

자료 : 보쉬

헤드램프는 너무 밝아도 곤란하다

디스차지 램프는 전방을 밝게 비출 수 있지만 주위와의 명암 차이가 심해서 어두운 곳에 있는 물체를 인식하기가 더욱 어렵다. 때문에 한층 주의가 필요하다. 또 모터사이클은 자세 변화가 심하고 광축이 위아래로 움직이기 쉽기 때문에 강력한 헤드램프는 주위 운전자의 눈을 부시게 할 우려가 크다. 조금 경사가 있는 건널목에 정차할 때에는 상시 점등인 까닭에 꺼놓을 수도 없고 맞은편의 차량을 제대로 비추지 못할 수 있다. 밝은 것이 매력이지만 무조건 좋기만 한 것은 아니다.

145

4-13 헤드램프의 형상
디자인이 다르면 밝기도 다르다?

할로겐램프 같은 광원 혼자서는 헤드램프의 역할을 하지 못한다. 헤드램프는 리플렉터(반사경)나 렌즈를 사용해 광원이 내는 빛을 적절한 방향 또는 범위로 조사한다. 광원뿐만 아니라 이 반사광도 헤드램프의 밝기를 크게 좌우하는 요소라고 할 수 있다.

기존 헤드램프는 전구와 리플렉터, 렌즈로 구성되어 있어서, 빛을 포물면의 리플렉터에 반사하고 앞에 있는 렌즈로 배광을 조절했다. 빛의 인상이 조금 흐릿한 이유는 빛을 굴절시키거나 확산시키기 위해 렌즈를 세밀하게 커팅(cutting)했기 때문이다. 그런데 최근 모터사이클에서 렌즈를 거의 커팅하지 않은 멀티 리플렉터 방식을 자주 볼 수 있다. 이것은 리플렉터만으로 배광을 조절하는 방식인데, 몇 개의 작은 반사경으로 구성된 리플렉터를 사용한다. 할로겐램프뿐만 아니라 디스차지 램프에도 사용하고 있는데, 면밀하게 계산된 리플렉터나 불필요한 커팅을 하지 않은 렌즈를 이용해 더 밝은 빛을 낼 수 있다는 것이 가장 큰 장점이다. 또 렌즈의 형상에 제한이 없어 디자인의 자유도도 높아진다.

일부 모터사이클에는 프로젝터식도 사용하고 있다. 이 방식은 프로젝터(투광기)의 원리를 응용한 것으로, 전구 앞에 놓인 볼록 렌즈를 이용해 배광을 조절한다. 크기를 줄일 수 있는 동시에 빛의 확산이 적다는 이점이 있지만 어둡게 느껴지는 경우도 있다.

멀티 리플렉터 방식의 헤드램프

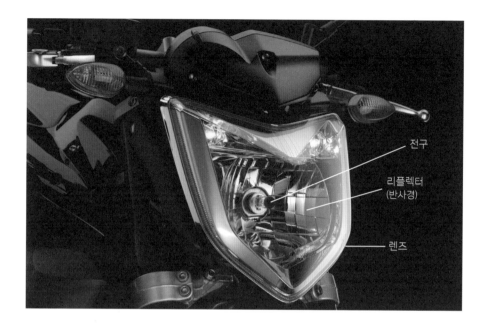

전구

리플렉터
(반사경)

렌즈

멀티 리플렉터 방식의 헤드램프에 몇 개의 작은 광원을 사용하는 LED 헤드램프를 조합하면 참신한 디자인의 헤
드램프도 만들 수 있다.

자료 : 야마하발동기

가까운 곳만 비추는 로빔

하이빔은 주행용이고 로빔은 다른 차량과 스쳐 지나갈 때 사용하는 용도라고 하지
만, 아무래도 로빔만 켠 채 달릴 때가 많다. 그런데 로빔은 (일본) 법률상 '40미터 앞의
장애물이 보이도록' 만들어지기 때문에 가까운 곳만을 비춘다. 운전 중에는 그런 점
을 생각하지 않고 밝게 비춰지는 곳에만 주의를 기울이기 쉬운데, 이는 전방의 장애
물을 발견했을 때 그 장애물과의 거리가 40미터도 안 된다는 뜻이다. 주위에 다른 불
빛이 있다면 다행이지만, 만약 검은 옷을 입은 보행자가 있다면 늦게 발견할 수도 있
다. 맞은편에서 오는 차량이 없을 때는 하이빔도 사용하자.

토막 상식 4

핸들과 계기 주변

헤드램프와 계기가 주행에 방해가 된다?

핸들 주변에는 속도계 같은 계기와 점화 스위치, 윙커 같은 램프를 작동시키는 스위치 등이 있다. 빅 투어러나 빅 스쿠터의 경우, 여기에 오디오 같은 전자 장비를 추가하기도 한다. 또 헤드램프나 윙커, 브레이크, 클러치, 사이드 미러 등도 포함하면 상당한 중량이 된다.

핸들 주위가 너무 무거우면 조작성에 큰 영향을 끼친다. 그래서 카울이 달린 모터사이클의 경우 헤드램프나 계기를 카울에 부착한다. 프레임에 장착한 카울은 다소 무거워지더라도 조종에 큰 영향이 없기 때문이다.

그런데 카울이 없는 네이키드 모델은 그럴 수가 없다. 헤드램프와 계기 모두 핸들과 함께 움직이므로 조종에 영향을 끼치는 것을 피할 수 없다. 그래서 이런 것들을 프레임에서 뻗어 나온 지주에 부착하는 방법으로 문제를 해결하려는 모터사이클도 있다.

이 문제에 특히 민감한 쪽은 가벼운 무게와 핸들링이 생명이라고 할 수 있는 오프로드 모델이다. 이런 모터사이클은 카울이 없기 때문에 헤드램프나 계기를 핸들 쪽에 부착해야 한다. 그래서 최대한 무게를 줄이기 위해 작은 크기의 헤드램프와 디지털 계기를 사용한다.

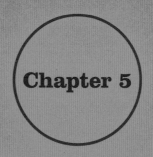

Chapter 5

바퀴 주변의 구조

타이어는 엔진에서 만들어진 동력을 최종적으로 지면에 전달하는 중요한 부품이다. 여기에서는 타이어를 접지시키는 서스펜션도 해설한다. 또 모터사이클에서 가장 중요한 부품이라고 해도 과언이 아닌 브레이크를 설명한다.

자료 : 스즈키

브레이크는 공공 도로를 달리는 모터사이클에 없어서는 안 될 장치다. 디스크 브레이크는 방열성이 높고 배수성도 양호하다. 사진은 스즈키 'GSR400 ABS'의 프런트 디스크 브레이크다.

5-1 스티어링의 메커니즘
프런트 포크는 왜 비스듬할까?

핸들을 돌리면 방향을 바꾸는 자동차와 달리 모터사이클은 차체를 기울여서 방향을 바꾼다. 그러나 (방향)키를 돌리는 것은 역시 앞바퀴다. 앞바퀴의 움직임을 바꾸는 스티어링(조향) 기구로는 프런트 포크 방식이 널리 사용되고 있다. 앞바퀴를 지탱하는 프런트 포크가 조향을 겸하는 방식이다.

자전거와 똑같이 프런트 포크가 좌우로 움직여서 앞바퀴의 방향을 바꾼다. 프런트 포크는 스티어링 헤드를 관통하는 스티어링 축을 중심으로 호를 그리듯이 움직이며, 이 회전 운동의 중심이 되는 축을 조향축이라고 한다.

여기에서 중요한 점은 프런트 포크가 전방으로 비스듬하게 뻗어 있다는 것이다. 스티어링 축이 후방을 향해 누워 있기 때문에 비스듬해진 것인데, 이것이 모터사이클의 핸들링에 커다란 영향을 끼친다. 스티어링 축이 얼마나 누워 있는가, 즉 노면 위에 있는 수직선을 기준으로 각도를 측정했을 때 이를 캐스터 각이라고 한다. 그리고 스티어링 축의 중심축을 연장한 선과 노면의 교차점으로부터 앞바퀴의 접지점까지의 거리를 트레일이라고 한다.

일반적으로 캐스터 각이 크고 트레일이 긴 모터사이클은 직진 안정성이 높으며 핸들링에 여유가 있다. 반대로 캐스터 각이 작고 트레일이 짧은 모터사이클은 조종성이 우수하며 핸들 조작에 민감하게 반응한다. 그래서 주로 직진 주행을 하는 크루저의 프런트 포크는 크게 누워 있고 코너링을 중시하는 로드스포츠의 프런트 포크는 거의 눕지 않고 곧게 서 있는 것이다.

캐스터 각과 트레일의 길이 차이

캐스터 각이 크다

트레일이 길다

캐스터 각이 작다

트레일이 짧다

캐스터 각이 크면 직진성이 높다. 또 앞바퀴의 중심과 프런트 포크의 관계도 직진성과 관련이 있다.

자료 : 할리데이비슨 재팬

앞바퀴는 밀리는 것이 아니라 끌어당겨진다?

모터사이클은 뒷바퀴가 노면을 차는 반력으로 달린다. 그 힘은 리어 서스펜션에서 프레임으로 전달되어 차체를 앞으로 밀듯이 작용한다. 그렇다면 프런트 포크를 통해 차체와 연결되어 있는 앞바퀴는 '밀리는' 것으로 생각하기 쉬운데, 사실은 '끌어당기는' 것이다. 이것은 앞바퀴의 조향축(핸들을 돌렸을 때 회전의 중심축)이 앞바퀴의 접지점보다 앞에 있기 때문으로, 뒷바퀴가 프레임을 미는 힘이 스티어링 헤드에서 프런트 포크로 전달되어 최종적으로 앞바퀴를 앞에서 끌어당기는 형태가 된다.

MOTORCYCLE

5-2 모터사이클의 운전
라이딩은 몸을 격렬히 움직이는 스포츠

순찰용 모터사이클의 훈련 모습을 본 적이 있는가? 중량급의 순찰용 모터사이클을 화려하게 조종하며 슬라럼이나 8자 등의 코스를 빠르고 리드미컬하게 지나가는 순찰 대원들. 그런 전문적인 라이딩 테크닉을 보고 있으면 감탄밖에 나오지 않는데, 여기에서 주목해야 할 것은 언뜻 과장스럽게 보이는 그들의 움직임이다.

모터사이클의 방향을 재빨리 바꿀 때 그들은 마치 스키 대회전 선수처럼 몸을 좌우로 크게 쓰러트리면서 모터사이클의 방향을 바꾼다. 순찰용 모터사이클은 커다란 엔진 가드 때문에 뱅크 각이 제한되어 있어서 몸의 움직임이 커지는 린인(lean in)을 구사하는 경우도 있지만, 그 격렬한 움직임을 보고 있으면 모터사이클이 스포츠임을 실감한다.

평소에 우리가 모터사이클을 운전할 때도 순찰 대원 정도는 아니지만 역시 온몸을 사용해서 조종한다. 코너에 접어들면 무게중심을 안쪽으로 이동시켜 모터사이클의 균형을 바꾸고, 원심력과 균형을 이루도록 모터사이클을 기울이며 선회한다. 같은 이륜차인 자전거는 몸을 크게 움직이지 않아도 간단히 선회할 수 있는데, 이것은 자전거보다 인간이 압도적으로 무겁기 때문이다. 그러나 모터사이클의 경우, 가벼운 인간이 무거운 모터사이클을 조종해야 하기 때문에 아무래도 움직임을 크게 할 필요가 있다. 코너가 급하거나 속도가 빠르면 더욱 적극적으로 몸을 움직여서 무게중심을 이동시켜야 한다. 그러면 순찰 대원 같은 움직임이 나온다.

린인으로 선회하는 순찰용 모터사이클

엔진 가드

순찰용 모터사이클은 엔진 가드 때문에 뱅크 각이 작다. 그래서 코너를 선회할 때 아무래도 크게 린인을 한다.

자료 : ATLAS-WEB.COM, http://www.atlas-web.com/

린인이란?

코너를 선회할 때 라이더는 몸의 움직임으로 모터사이클을 조종한다. 라이더의 몸을 코너 안쪽으로 크게 기울이면 그만큼 모터사이클을 덜 기울여도 선회가 가능하다. 이런 선회 테크닉을 '린인'이라고 하며, 엉덩이의 위치를 바꿔서 무게중심을 모터사이클의 안쪽으로 이동시키는 것이 '행오프'(hang off)다. 이와는 반대로 모터사이클을 크게 기울이고 라이더는 모터사이클보다 곧게 서 있는 상태에서 선회하는 것이 '린아웃'(lean out)이며, 라이더가 모터사이클과 한 몸이 되어 기울면서 선회하는 일반적인 방법을 '린위드'(lean with)라고 한다.

MOTORCYCLE

5-3 모터사이클의 주행 특성 ①
차체를 기울이면 핸들이 자동으로 꺾인다

자동차는 핸들을 꺾어서 진행 방향을 바꾸지만, 모터사이클은 핸들을 꺾는 것이 아니라 차체를 기울여서 선회한다. 양쪽 모두 앞바퀴의 방향을 바꿔서 진행 방향을 정하는데, 자동차가 핸들 조작을 통해 직접 '앞바퀴의 방향을 바꾸는' 데 비해 모터사이클은 라이더가 차체를 기울여 간접적으로 '앞바퀴의 방향을 바꾸는' 것이다.

이것이 가능한 이유는 모터사이클에 '자동 조향 기능'(self steer)이 있기 때문이다. 자동 조향이란 차체를 기울이면 핸들이 자연스럽게 꺾이는 것으로, 사이드 스탠드를 사용해 모터사이클을 세우면 저절로 핸들이 꺾이는 것도 자동 조향 기능 때문이다. 원래 모터사이클이 선회할 때는 원심력에 대항하기 위해 차체를 기울일 필요가 있는데, 차체를 기울이면 핸들이 꺾이는 편리한 구조다.

모터사이클이 기울어서 핸들이 꺾이면 먼저 앞바퀴가 방향을 바꾸며, 그 결과 앞뒤 바퀴에 발생하는 캠버 스러스트(camber thrust)를 이용해 선회한다. 동전을 굴리면 기울어진 방향으로 구르는데, 이때 동전에 작용하는 횡방향의 힘이 캠버 스러스트다. 이와 똑같은 힘이 기울어진 타이어에서도 발생하는 것이다.

뱅크 각이 작을 경우, 모터사이클은 거의 캠버 스러스트만으로 선회한다. 그런데 뱅크 각이 커지면 캠버 스러스트만으로는 원심력에 대항할 수 없으며, 따라서 타이어는 코너링 포스를 발생시켜 균형을 잡는다. 코너링 포스는 타이어가 변형되어 발생하는 횡방향의 힘으로, 자동차가 선회할 때 이용하는 힘과 같다.

코너링을 할 때 걸리는 힘

타이어의 단면이 둥글지 않으면 모터사이클을 조금만 기울여도 타이어의 숄더 부분만 살짝 땅과 닿아 있는 상태가 되어버린다.

자료 : BMW

타이어의 단면은 왜 둥글까?

캠버 스러스트는 타이어가 기울면서 발생한다. 만약 자동차처럼 타이어의 단면이 각져 있으면 타이어가 기울면서 접지면의 모양이 크게 변한다. 그에 따라 접지 면적이 대폭 감소해 '바닥을 움켜쥐는 힘'이 저하되는 것이다. 그래서 모터사이클의 타이어는 기울어도 접지 면접이 감소하지 않도록 단면이 둥글다. 또 단면이 둥글면 타이어를 기울였을 때 접지한 부분의 바깥 둘레가 짧아진다. 그러면 종이컵을 굴렸을 때와 마찬가지로 타이어는 바깥 둘레가 짧은 쪽, 즉 기운 방향으로 굴러가기 때문에 캠버 스러스트를 발생시키기에 적합하다.

MOTORCYCLE

5-4 모터사이클의 주행 특성 ②
어떻게 쓰러지지 않고 직진 주행할 수 있을까?

가만히 있으면 쓰러진다! 자전거 타는 법을 갓 배운 아이들은 이런 생각에 사로잡히기 마련이다. 그래서 핸들을 살짝살짝 꺾으며 필사적으로 균형을 잡으려 한다. 그러나 어느 정도 시간이 지나면 그러지 않아도 자전거가 저절로 곧게 나아간다는 사실을 깨닫는다.

의식적으로 핸들을 꺾지 않아도 쓰러지지 않는 이유는 자전거에 직진 상태를 유지하려는 기능이 있기 때문으로, 모터사이클 역시 라이더가 무리하게 핸들을 꺾지만 않는다면 안정적으로 직진 주행을 할 수 있다. 이것은 코너를 선회할 때 이용하는 자동 조향 기능과 관련이 있다.

예를 들어 직진 중에 차체가 왼쪽으로 기울었다고 가정하자. 사람이 넘어질 것 같으면 발을 내밀듯이, 모터사이클은 자동 조향 기능을 이용해 핸들을 왼쪽으로 꺾어서 균형을 잡으려 한다. 그러나 모터사이클은 직진을 하려고 하기 때문에 다음 순간에는 차체를 일으켜 세우려는 힘이 작용해 자연스럽게 직진 상태로 되돌아가려 한다. 주행 중 모터사이클은 이런 움직임을 반복한다.

이렇게 적으면 마치 모터사이클이 항상 지그재그로 움직이는 것 같은 인상을 주는데, 실제로 발진 직후에 저속으로 달릴 때는 지그재그로 움직이곤 한다. 속도가 나면 움직임이 작아져 눈에 띄지 않을 뿐 사실은 모터사이클 자신이 핸들을 조금씩 꺾으면서 달린다. 또 사람이 타지 않은 모터사이클이 쓰러지지 않고 계속 달릴 수 없듯이 라이더의 조작도 필요하다. 의식하든 하지 못하든 무게중심을 조금씩 이동시키는 방법으로 모터사이클이 곧바로 달리도록 힘을 보탠다.

핸들은 차체가 기울면 자연스럽게 꺾인다

사이드 스탠드로 모터사이클을 세워놓은 모습이다. 사이드 스탠드를 사용하면 왼쪽으로 차체가 기울기 때문에 핸들이 자연스럽게 왼쪽으로 꺾인 것을 알 수 있다. 사진은 BMW의 'R1150 GS SE'다.

자료 : BMW

시선이 모터사이클의 방향을 바꾼다

'앞에 빈 캔이 떨어져 있군!'이라고 생각했더니 어째서인지 빈 캔을 밟고 지나간다. 모터사이클을 타다 보면 이런 경험을 종종 한다. 이것은 모터사이클 주행에 '시선이 향하는 방향으로 달린다'는 특성이 있기 때문이다. 시선이 무엇인가에 고정되면 마치 빨려들듯이 그 방향으로 나아간다. 운전학원에서 좁은 길을 지나갈 때 먼 곳을 보라고 가르치는 것도, 코너에서는 출구 부근을 보면서 돌라고 가르치는 것도 같은 이유다. 모터사이클은 자립해서 달릴 수 있다고는 하지만 약간의 변화에도 진로가 흐트러지며, 또 라이더가 무의식중에 미묘한 조작을 하고 있다.

MOTORCYCLE

5-5 서스펜션의 역할
승차감을 좋게 하기 위해 존재한다?

널리 알려진 서스펜션의 역할은 승차감을 좋게 하는 것이다. 모터사이클의 경우 승차감이 그다지 이야깃거리가 되지 않지만, 만약 서스펜션이 없다면 노면의 요철에 차체가 끊임없이 흔들려 제대로 탈 수가 없다. 주행 중에 낙차 큰 길을 만난다면 라이더는 떨어지는 충격을 고스란히 받게 되므로 승차감이 문제가 아니라 운전 자체가 위험해진다.

그래서 서스펜션을 사용해 크고 작은 온갖 충격이 가급적 모터사이클 본체나 라이더에게 전달되지 않도록 한다. 그러나 서스펜션의 역할은 이것만이 아니다. 서스펜션은 모터사이클의 기능인 전진, 제동, 조향, 즉 달리기, 선회하기, 멈추기에 없어서는 안 되는 장비다. 서스펜션에는 타이어를 접지시킨다는 중요한 역할이 있기 때문이다.

만약 서스펜션이 없는 모터사이클로 요철이 있는 노면을 달린다면 타이어는 마치 비탈길에서 공을 굴렸을 때와 마찬가지로 요철을 만날 때마다 튄다. 이것은 스키 초보자가 울퉁불퉁한 모굴 스키용 슬로프를 폭주하는 것과 같아서, 타이어가 수시로 노면을 벗어나 '바닥을 움켜쥐는 힘'을 잃기 때문에 모터사이클을 조종할 수가 없다. 그래서 모굴 스키 선수가 무릎을 사용해 설면과의 접촉을 유지하며 능숙하게 미끄러져 내려오듯이 서스펜션을 사용해 타이어를 노면에 누르는 것이다. 이것은 모터사이클의 매우 중요한 기능이다. 특히 주행 성능이 대폭 높아진 최근 모터사이클의 경우, 승차감을 위해서가 아니라 타이어를 접지시키기 위해 서스펜션이 존재한다고 해도 과언이 아닐 정도다.

오프로드를 고려한 서스펜션

심한 기복이나 강한 충격에
대비한 서스펜션

기복이 심한 오프로드를 달릴 때는 노면의 요철을 부드럽게 흡수할 수 있는 강인하고 스트로크가 긴 서스펜션이
위력을 발휘한다.

자료 : 혼다기연공업

왜 서스펜션을 현가장치라고 부를까?

서스펜션을 우리말로는 현가장치라고 한다. '현가'(懸架)는 매달아서 지탱한다는 의
미인데, 과거 마차에서 유래한 말이다. 마차는 달구지 같은 것이어서 목제 바퀴로 덜
컹거리며 길을 달렸기 때문에 승차감이 상당히 나빴다고 한다. 그래서 흔들림이나
진동을 조금이라도 줄이고자 좌석이나 탑승 공간을 끈이나 사슬 등으로 매다는 방식
이 고안되었다. 이것이 서스펜션의 시초로 알려져 있다. 좌석이 매달려 있다고 해서
현가장치라고 부르게 된 것이다.

5-6 서스펜션의 구조
서스펜션의 기본은 스프링과 댐퍼

매끈하게 포장된 도로라 해도 노면에 요철은 있기 마련이다. 달리는 모터사이클을 옆에서 바라보면 바퀴가 살짝살짝 움직이고 있음을 알 수 있다. 그런 바퀴의 움직임을 흡수하는 것도 서스펜션의 역할인데, 서스펜션이 쉴 새 없이 늘어나고 줄어드는 것은 스프링이 있기 때문이다.

서스펜션에 들어 있는 스프링은 정지 상태일 때 모터사이클과 라이더의 무게 때문에 어느 정도 수축되어 있으며, 주행 중에는 바퀴의 움직임과 연동해 늘어나고 줄어든다. 가령 노면의 돌기 부분을 지나갈 경우, 바퀴가 돌기 위로 올라갈 때는 스프링이 수축되어 바퀴의 움직임을 흡수하고 돌기의 정상을 넘어가면 바퀴의 움직임에 맞춰 스프링이 늘어난다. 또 수축된 스프링에 쌓였던 에너지가 스프링을 늘어나게 하고 타이어가 지면에서 떨어지지 않도록 누른다.

이런 서스펜션은 스프링의 특성을 이용해서 노면의 요철에 맞춰 길이를 변화시키는데, 문제는 스프링의 특성상 일단 수축을 시작하면 곧바로 멈추지 않는다는 것이다. 수축된 스프링이 늘어나면 원래의 길이보다 더 늘어나고, 다 늘어난 뒤에는 다시 수축된 상태로 돌아가려 한다.

만약 스프링이 자유롭게 늘어나고 줄어들도록 내버려둔다면 모터사이클이 계속 흔들리거나 타이어가 노면에서 떨어지는 등 바람직하지 않은 현상이 일어난다. 그래서 서스펜션에는 스프링이 신축(伸縮. 늘이고 줄임)하는 움직임을 제한하기 위해 댐퍼(damper)라고 부르는 장치가 들어 있다.

서스펜션은 모터사이클의 '다리'

리어 서스펜션

프런트 서스펜션

스티어링 헤드나 스윙암 피벗에 달린 서스펜션은 동물의 다리처럼 굳건하면서도 유연하게 차체를 지탱한다.

자료 : BMW

바퀴가 멋대로 움직이지 않게 붙잡는 장치

서스펜션이 늘어나고 줄어드는 덕분에 바퀴는 위아래로 움직일 수 있다. 그런데 앞뒤 혹은 좌우로 움직일 수는 없다. 엄밀히 말하면 서스펜션이 신축할 때 아주 조금 앞뒤로 움직이지만, 자유롭게 움직일 수 있는 것은 아니다. 바퀴가 멋대로 움직여서는 모터사이클이 제대로 달릴 수가 없기 때문이다. 서스펜션의 또 다른 역할은 바퀴가 전후좌우로 움직이지 않도록 붙잡는 것이다. 요컨대 서스펜션은 바퀴를 위아래로 움직이게 하면서 전후좌우로는 움직이지 않도록 하는 장치다.

MOTORCYCLE

5-7 댐퍼는 무슨 일을 할까?
스프링의 움직임을 제어한다

댐퍼는 스프링의 움직임에 저항해서 스프링이 쓸데없이 신축을 반복하거나 크고 급격하게 줄어드는 것을 방지한다. 댐퍼가 저항하는 힘을 감쇠력이라고 하는데, 이 감쇠력이 말하자면 브레이크처럼 작용해서 스프링의 움직임을 제어한다.

따라서 감쇠력이 너무 강하면 스프링이 제대로 늘어나고 줄어들지 않으며, 반대로 너무 약하면 스프링의 불필요한 움직임을 억제하지 못해 댐퍼로서 기능하지 못한다. 서스펜션에 요구되는 성능은 노면의 작은 변화에도 잘 움직이고 필요할 때는 확실히 버티는 것이다. 댐퍼는 성능 좋은 서스펜션을 실현하기 위해 중요한 역할을 담당한다.

모터사이클에 사용되는 댐퍼는 대부분 유압 댐퍼로, 기본적으로 실린더와 피스톤으로 구성되어 있으며 주사기와 구조가 매우 비슷하다. 주사기에 담긴 물을 쏠 때 피스톤을 누르는 손이 저항감을 느끼는데, 이것은 물이 작은 구멍으로 나올 때 발생하는 힘이다. 댐퍼도 바로 이 저항력을 이용한다. 다만 댐퍼의 경우 실린더 끝이 아니라 피스톤에 구멍이 뚫려 있다. 피스톤의 앞뒤에는 오일이 있어서 이 오일이 피스톤의 구멍을 들어오고 나갈 때 저항력을 발생시킨다.

댐퍼에는 모노 튜브식(단통형)과 트윈 튜브식(복통형), 정립식과 도립식 등 다양한 종류가 있지만 감쇠력이 발생하는 원리에 차이는 없다. 또 프런트 서스펜션에 사용하는 텔레스코픽 포크(telescopic fork)도 같은 원리로 감쇠력을 발생시킨다(164쪽 참조).

댐퍼의 구조

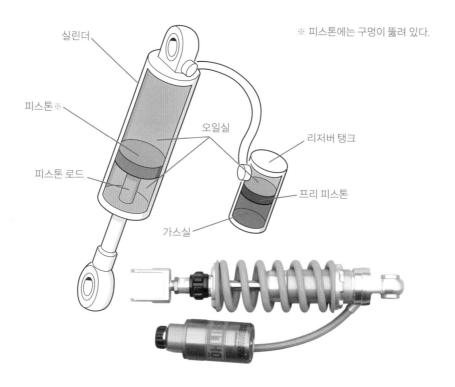

실린더

※ 피스톤에는 구멍이 뚫려 있다.

피스톤※

오일실

리저버 탱크

피스톤 로드

프리 피스톤

가스실

가스는 압력에 따라 부피가 변하는데, 이 성질을 이용해 댐퍼가 신축했을 때의 용적 변화에 대응한다.

자료 : 카로체리아 재팬

댐퍼 속에 가스실이 있다?

피스톤 로드가 피스톤의 움직임과 함께 실린더로 들어갔다 나오기 때문에 실린더 안의 공간은 그만큼 용적이 증가하고 감소한다. 따라서 만약 실린더 안이 오일로 가득 차 있으면 피스톤 로드가 들어가지 못해 피스톤이 제대로 움직이지 않는다. 그래서 용적 변화를 흡수하도록 실린더에 오일과 함께 가스(공기나 질소 가스)를 넣는다. 단순히 가스만 넣는 간단한 방식도 있지만, 가스실과 오일실 사이를 자유롭게 움직이는 프리 피스톤으로 분리하는 방식을 많이 사용한다.

MOTORCYCLE

5-8 프런트 서스펜션의 구조
스티어링이기도 한 프런트 서스펜션

대부분의 모터사이클은 프런트와 리어에 서스펜션을 장비하고 있다. 둘 다 서스펜션으로서 기본 기능은 같지만, 구조는 크게 다르다. 이것은 앞바퀴에 스티어링 기능이 있기 때문인데, 대부분의 프런트 서스펜션이 스티어링 기능을 겸비한다.

프런트 서스펜션 중에서 가장 대중적인 것은 앞바퀴를 지탱하는 좌우의 프런트 포크가 스티어링의 역할을 하는 동시에 직접 신축되면서 서스펜션의 기능을 하는 방식이다. 이것을 텔레스코픽식이라고 한다. 프런트 포크는 굵은 파이프(아우터 튜브)에 가는 파이프(이너 튜브)를 끼운 구조이며, 이것이 망원경처럼 늘어나고 줄어들기 때문에 '텔레스코픽'이라고 부른다.

텔레스코픽식 외에는 비즈니스 모터사이클이나 스쿠터에서 자주 볼 수 있는 보텀 링크식이 있다. 보텀 링크식은 프런트 포크의 아래쪽 끝(보텀)에서 전방으로 뻗어 나온 작은 암(링크)으로 바퀴를 지탱하는 방식이다. 사람의 발이 발목을 축으로 움직이듯이 암은 프런트 포크를 받침점으로 삼아 움직이고 이 덕분에 바퀴가 위아래로 움직인다. 그리고 암의 중간에 달린 스프링이나 댐퍼가 충격을 흡수한다. 구조가 단순하고 저렴한 비용으로 만들 수 있다는 장점이 있지만 텔레스코픽식처럼 큰 스트로크(늘어나고 줄어드는 양)를 얻을 수 없기 때문에 성능은 그다지 기대하기 어렵다. 그래서 지금은 실용차에 주로 사용하고 있다.

프런트 서스펜션

텔레스코픽식

이너 튜브

아우터 튜브

스프링거 포크식

충격을 흡수하는 스프링

신축되지 않는
포크

텔레스코픽식은 현재 가장 대중적인 방식이다. 스프링거 포크식의 경우 텔레스코픽식과 달리 프런트 포크가 신축되지 않는다.

자료 : BMW(좌) / 할리데이비슨 재팬(우)

과거 모델에서 볼 수 있는 다양한 프런트 서스펜션

텔레스코픽식이 보급되기 전에는 프런트 서스펜션으로 거더(girder) 포크식과 얼스(Earl's) 포크식, 스프링거 포크식 등 다양한 형식이 사용되었다. 이런 형식들은 보텀링크식과 마찬가지로 신축되지 않는 프런트 포크를 사용하고 암을 이용해 바퀴를 지탱했으며, 스프링이나 댐퍼는 프런트 포크와는 별개의 장치였다. 텔레스코픽식에 비하면 구조가 복잡하고 무거우며, 강도도 부족하고 큰 스트로크를 얻기도 어렵기 때문에 현재는 일부 모터사이클을 제외하면 거의 사용하지 않는다.

텔레스코픽식의 메커니즘
포크가 늘어나고 줄어드는 방식

불과 두 개의 프런트 포크만으로 서스펜션과 스티어링의 기능을 동시에 구현하는 텔레스코픽식은 단순하면서도 매우 합리적인 서스펜션이다. 가볍고 내구성과 신뢰성도 있으며 디자인도 우수하기 때문에 지금은 완전히 프런트 서스펜션의 주류가 되었다.

다만 텔레스코픽식이라고 해서 만능은 아니다. 제동을 걸었을 때 차체가 앞으로 쏠리는 노즈 다이브(nose dive) 현상이 심하고, 프런트 포크를 구부리는 힘이 작용하기 때문에 매끄러운 움직임이 방해를 받는 등 여러 문제점을 안고 있다.

텔레스코픽식 서스펜션은 이너 튜브를 위(차체 쪽), 아우터 튜브를 아래(바퀴 쪽)에 놓는 정립식이 일반적이다. 이 경우에 이너 튜브를 차체 쪽에 달고 아우터 튜브의 아래쪽 끝으로 바퀴를 지탱한다. 이너 튜브에는 스프링 또는 댐퍼가 내장되며, 아우터 튜브에는 브레이크가 장착된다.

슈퍼스포츠처럼 주행 성능을 중시하는 모델에서 흔히 볼 수 있는 도립식은 정립식과 위아래가 반대다. 프런트 포크에 작용하는 힘(구부리려 하는 힘)에 대항하려면 굵은 아우터 튜브를 차체에 다는 편이 유리하다는 발상이다. 가느다란 이너 파이프가 바퀴 쪽으로 오므로 서스펜션이 더욱 경쾌하게 움직인다는 이점도 있다. 다만 정립식에 비해 아우터 튜브가 길어지는 탓에 중량이 더 나가며, 비용도 상승하기 때문에 모든 모터사이클에 채용하기는 어렵다.

도립식 서스펜션을 채용한 모터사이클

아우터 튜브

이너 튜브

앞바퀴의 접지면에서 발생한 힘은 스티어링 헤드 부분에서 차체에 작용한다. 그 부분을 아우터 튜브로 지탱하는 방식이 도립식이다.

자료 : 야마하발동기

자동차와 닮은 독창적인 서스펜션

텔레스코픽식 서스펜션은 수많은 장점이 있지만 한편으로 서스펜션과 스티어링이 함께하는 까닭에 서스펜션의 움직임이 스티어링에 영향을 끼친다는 문제점이 있다. 그래서 탄생한 것이 BMW의 텔레레버와 듀오레버, 비모타의 허브센터 같은 서스펜션(스티어링)이다. 이 서스펜션은 자동차처럼 서스펜션과 스티어링의 기능을 독립시켜 조종성을 향상한다. 그러나 구조가 복잡하고 무게와 비용 등의 문제도 있어서 극히 일부 모터사이클에만 사용하고 있다.

MOTORCYCLE

5-10 리어 서스펜션의 메커니즘
리어 서스펜션은 모노 서스펜션과 듀얼 서스펜션

과거에는 서스펜션이 프런트에만 있었던 시절도 있었다. 당시 리어 서스펜션을 대신한 것은 안장을 떠받치는 스프링으로, 그저 라이더에게 충격이 전달되지 않도록 하는 용도였다. 마치 자전거와 같은 구조인데, 이것은 당시 모터사이클의 주행 성능이 서스펜션이 없어도 괜찮은 수준이었기에 가능한 일이었다.

리어 서스펜션은 스티어링의 기능이 필요 없기 때문에 프런트 서스펜션보다 구조가 단순하다. 과거에는 뒷바퀴 차축의 위아래에 스프링을 다는 방식도 있었지만, 현재는 프레임에서 뻗어 나온 암으로 바퀴를 지탱하는 스윙암식이 일반적이다. 스쿠터처럼 엔진이나 구동 계통이 일체화되어 움직이는 것을 유닛 스윙식이라고 한다.

스윙암은 프레임과 연결되어 있는 앞쪽 끝(피벗)을 축으로 호를 그리듯이 움직여서 뒤쪽 끝에 달린 바퀴를 위아래로 움직이게 하는데, 그 움직임은 서스펜션 유닛(스프링과 댐퍼)으로 제어한다. 예전에는 뒷바퀴의 좌우에 서스펜션이 있는 듀얼 서스펜션이 일반적이었지만 이후 서스펜션 유닛을 하나로 만든 모노 서스펜션 그리고 링크 기구를 통해 서스펜션 유닛을 장치하는 링크식 모노 서스펜션이 등장했다. 지금은 대부분의 모터사이클이 링크식 모노 서스펜션을 사용한다. 네이키드 모델은 스타일을 중시해 듀얼 서스펜션을 많이 사용하지만, 디자인만 구식일 뿐 스윙암의 강도와 댐퍼의 성능이 높아져서 서스펜션의 성능은 확실히 발전했다.

모터사이클의 리어 서스펜션(링크식 모노 서스펜션)

링크식 모노 서스펜션은 링크의 배치를 고려해 만든다. 스트로크의 위치에 따라 서스펜션의 성능이 변화한다.

자료 : 야마하발동기

가속하면 리어 서스펜션이 늘어난다?

스로틀을 개방하면 모터사이클의 뒷부분이 푹 가라앉으면서 가속하는 것처럼 느껴지는데, 사실 리어 서스펜션은 늘어나려 한다. 모터사이클은 뒷바퀴가 노면을 차는 반력을 이용해 앞으로 나아간다. 이때 그 힘의 일부가 스윙암을 내리누르며 리어 서스펜션을 늘리려 하는 것이다. 이것이 이른바 안티 스쾃(anti squat) 효과로, 하중에 따른 후방의 주저앉음을 감소시키고 타이어가 노면을 누르도록 작용한다. 가속을 할 때 뒷부분이 가라앉듯이 느껴지는 이유는 하중 이동으로 프런트 포크가 늘어나기 때문이다.

169

5-11 타이어의 역할
모터사이클은 맨발로 달리지 못한다

닳은 타이어를 교환할 때 신발에 빗대서 "타이어를 갈아 신는다."라고 말하곤 한다. 그러나 타이어의 중요성은 신발에 비할 바가 아니다. 타이어는 모터사이클에서 노면과 닿아 있는 유일한 부분이며, 모터사이클의 무게를 떠받치고 충격을 흡수하는 기능도 한다. 그리고 잊어서는 안 될 점이 있다. 모터사이클은 '전진, 제동, 조향'을 전부 타이어에 의지한다는 사실이다. 타이어는 단순한 고무 부품이 아니라 모터사이클의 본질과 정체성을 구현하는 역할을 담당한다.

모터사이클이 가속하고 제동을 걸고 커브 길을 선회할 수 있는 것은 타이어가 지면에 힘을 전달해주기 때문이며, 이를 가능케 하는 것이 '바닥을 움켜쥐는 힘'이다. 주행 중인 모터사이클을 보면 타이어가 접지하는 부분을 중심으로 찌그러졌다가 원래의 모양으로 돌아오기를 반복한다. 그리고 가속이나 감속을 할 때는 여기에 접지면을 움켜쥐는 듯한 힘도 작용한다. 이때 접지면인 트레드가 변형되면서 약간의 미끄러짐이 발생한다. 이 약간의 미끄러짐이 마찰력을 낳아 모터사이클의 움직임을 지탱하는 힘, 즉 '바닥을 움켜쥐는 힘'을 만들어내는 것이다.

따라서 이 힘은 노면의 상황이나 타이어(고무)의 성능에 크게 좌우된다. 제동 시에 앞바퀴가 큰 '바닥을 움켜쥐는 힘'을 발휘하듯이 타이어에 걸리는 하중에 따라서도 변화한다. 또 '바닥을 움켜쥐는 힘'은 전체적으로 한계가 있으므로 전후좌우로 나눠서 이용한다. 커브 길에서 제동을 강하게 걸면 넘어지는 이유는 횡 방향(코너링)에 사용하던 '바닥을 움켜쥐는 힘'을 종 방향(제동)에 빼앗기기 때문이다.

온로드 타이어와 오프로드 타이어의 차이

오프로드 타이어　　　　　　　　　　　　　　　　　　　　온로드 타이어

타이어에는 온로드 계열과 오프로드 계열이 있으며, 오프로드 계열은 비포장도로의 접지력을 높이기 위해 블록 패턴을 사용한다.

자료 : 야마하발동기

수막현상은 왜 일어나는가?

젖은 노면을 달릴 때 타이어는 물을 밀쳐내면서 구른다. 그러나 고속으로 물웅덩이에 뛰어들면 타이어가 물을 전부 밀어내지 못하고 수막 위를 활주하는 경우가 있다. 이것이 '수막현상'이다. 타이어의 트레드는 지속적으로 노면과 닿았다가 떨어지는데, 그 움직임은 속도가 오를수록 빨라지며 접지 시간도 줄어든다. 그렇게 되면 수면을 손바닥으로 빠르게 때리는 것과 마찬가지로, 물의 점도가 화근이 되어 타이어가 제대로 접지하지 못한다. 이런 상황이 되면 핸들이나 브레이크가 듣지 않아 매우 위험하다.

5-12 타이어의 기본 구조
의외로 수많은 부품으로 구성된 타이어

타이어 속에는 물론 공기가 들어 있다. 그렇다면 고무 속은 어떻게 되어 있을까? 골격과 보강재 등 고무 이외에도 여러 가지 재료가 들어 있다. 이것은 고무만으로 만들면 말랑말랑해서 쓸 수가 없기 때문이다. 물컹한 곤약도 꼬치를 끼우면 단단해지는 것과 비슷하다.

타이어의 골격은 카카스 코드(carcass cord)라고 부르는 것인데, 나일론이나 폴리에스테르 등으로 만든 섬유를 고무로 감싸고 그것을 여러 겹으로 겹쳐서 만든다. 카카스 코드는 비드(휠 림에 끼우는 부분)에서 비드까지 타이어 전체를 감싸며, 트레드 부분에는 보강재가 겹겹이 붙어 있다. 또 비드 속에는 휠에서 벗겨지지 않도록 하는 와이어 다발(비드 와이어)이 들어 있다.

타이어의 고무는 외형상 똑같아 보이지만 노면과 닿는 트레드, 측면의 사이드월, 공기가 새는 것을 방지하는 이너 라이너 등 부위에 따라 다른 고무를 사용한다. 가령 트레드의 고무는 원재료가 되는 합성 고무나 천연 고무에 카본 블록과 황산 등 다양한 재료를 섞어서 만든다. 그래서 트레드 고무를 '콤파운드'(compound. 혼합물)라고 부른다.

실제 제조 현장에서는 이런 골격이나 보강재, 고무 부품을 조립해서 타이어의 원형을 만들고 이것을 '타이어 굽기 틀' 같은 금형 속에서 가열·가압해 완성한다. 타이어의 표면에 있는 트레드 패턴이나 사이드월의 표시 등도 이때 금형 속에서 성형된다.

래디얼 타이어의 구조

SPORTMAX GPR-200F
120/70ZR17 M/C(58W)

SPORTMAX GPR-200
180/55ZR17 M/C(73W)

타이어의 구조도 모터사이클과 마찬가지로 먼저 지탱해주는 골격(카카스 코드)이 있고 그 골격에 여러 가지 부품이 달려 있다. 타이어를 휠의 림에 고정하는 것이 비드다.

자료 : 스미토모고무공업

타이어가 감기에 걸린다?

타이어에도 '유통 기한'이 있다는 사실을 아는가? 타이어는 마모되었을 때 교환하는 것이므로 홈만 제대로 파여 있으면 괜찮다고 생각하기 쉬운데, 사실은 그렇지가 않다. 타이어에 사용하는 고무는 시간이 지나면서 경화되거나 '바닥을 움켜쥐는 힘'이 저하되는 등 열화가 발생한다. 사용 방법이나 보관 조건 등에 따라 다르지만, 제조 후 5년 이상 경과한 타이어는 점검이 필요하며 10년이 경과한 것은 설령 홈이 파여 있더라도 교환하는 편이 안전하다고 알려져 있다.

5-13 타이어의 종류
래디얼과 바이어스는 무엇이 어떻게 다를까?

모터사이클용 타이어에는 용도와 성능, 크기 등에 따라 여러 종류가 있는데, 그중에서도 이해하기가 쉽지 않은 것이 바이어스(bias) 타이어와 래디얼(radial) 타이어의 차이다. 겉모습에 차이가 없는 만큼 무엇이 어떻게 다른지 알지 못하는 사람도 많지 않을까?

바이어스는 사선(斜線), 래디얼은 방사상(放射狀)이라는 의미다. 이것은 타이어의 골격을 이루는 카카스 코드의 방향을 나타낸다. 발처럼 생긴 카카스 코드가 타이어의 중심선에 대해 비스듬하게 배열되어 있는 것이 바이어스이고, 타이어의 중심선에 대해 직각으로(타이어를 가로로 자르듯이) 배열되어 있는 것이 래디얼이다. 양쪽 모두 골격 위에 고무를 덧씌운 기본 구조는 같지만 골격을 사용하는 방식이 다르다.

바이어스 타이어를 만들 때는 카카스 코드 여러 장을 서로 엇갈리는 방향이 되도록 겹치고 브레이커로 보강한다. 따라서 카카스 코드의 실은 그물눈 모양이 되며, 타이어를 전체적으로 보면 소쿠리처럼 촘촘하다. 이에 비해 래디얼 타이어의 카카스 코드는 한 장 또는 두 장이며, 실의 방향이 한 방향이기 때문에 단단하지 않다. 그래서 나무 물통에 테를 두르듯이 트레드 부분을 벨트라고 부르는 보강재로 조여준다. "사이드월은 유연하고 트레드는 강성이 높다."라는 말은 래디얼 타이어의 특징으로 이 같은 구조에서 유래한다.

강성이 높은 트레드는 잘 변형되지 않으며, 안정된 접지력과 우수한 고속 내구성으로 조종 안정성을 높여준다. 또 구름 저항이나 발열도 줄어들며 내마모성도 높아지는 등 장점이 많다. 다만 바이어스 타이어에 비하면 제조가 번거로운 까닭에 가격이 비싸다는 단점이 있다.

래디얼 타이어와 바이어스 타이어의 차이

바이어스 구조

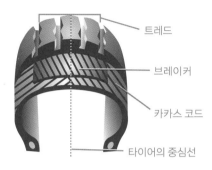

트레드
브레이커
카카스 코드
타이어의 중심선

래디얼 구조

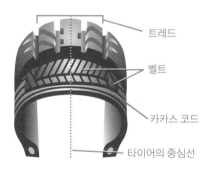

트레드
벨트
카카스 코드
타이어의 중심선

바이어스와 래디얼은 별다른 차이가 없는 듯이 보이지만, 사실은 타이어의 변형이나 힘이 가해지는 정도에 큰 차이가 있다.

자료 : 스미토모고무공업

타이어에 질소 가스를 넣을 때의 이점은?

타이어에 질소 가스를 넣으면 '내압의 저하' '온도에 따른 내압의 변화' '타이어와 휠의 열화'를 억제할 수 있다고 한다. 질소는 산소에 비해 고무를 잘 통과하지 못하고, 습기를 머금지 않아 온도에 따른 영향도 적다. 또 산소와 습기가 없으면 부식도 잘 발생하지 않는다. 타이어 제조 회사가 추천할 정도니 효과가 있는 것은 틀림이 없겠지만, 공기와 달리 '공짜'가 아닌 이상 그에 상응하는 효과가 있느냐가 관건이라고 할 수 있다. 그런데 경험자의 이야기를 들어보면, 난감하게도 찬반양론이 팽팽하다.

MOTORCYCLE

브레이크의 원리
브레이크는 어떻게 모터사이클을 정지시키는가?

브레이크는 모터사이클의 속도를 줄이거나 정지시키는 장치로, 디스크 브레이크와 드럼 브레이크가 널리 사용되고 있다. 마찰을 이용해 제동력을 발생시킨다는 원리는 동일하며, 이런 원리의 브레이크를 마찰 브레이크라고 한다.

예를 들어 디스크 브레이크는 브레이크 디스크에 브레이크 패드를 밀착시켜서 제동력을 발생시킨다. 디스크와 패드 사이에 발생하는 마찰력은 브레이크 디스크와 일체화된 휠의 회전을 방해하도록 작용하며, 이와 동시에 타이어와 노면 사이에는 모터사이클의 움직임을 방해하는 힘이 발생한다. 이것이 모터사이클을 멈추는 힘, 즉 제동력이다.

이런 원리를 통해 우리는 브레이크가 직접 모터사이클을 제동하는 것이 아니라는 사실을 알 수 있다. 브레이크는 모터사이클을 제동하기 위한 장치이기는 하지만, 엄밀히 말하면 휠 또는 타이어에 작용해 간접적으로 제동을 거는 것이다. 직접 제동을 걸고 싶다면 아이들이 자전거를 세우듯이 노면에 신발 바닥을 대서 마찰시키면 된다.

그런데 속도가 줄어든다는 것은 모터사이클이 운동 에너지를 빼앗긴다는 의미다. 그렇다면 운동 에너지는 어디로 갔을까? 그 에너지는 주로 브레이크의 마찰열이 되어 주위로 방출된다. 요컨대 브레이크는 운동 에너지를 열에너지로 바꾸는 장치인데, 최근에는 에너지를 그냥 버리기는 아깝다는 생각에서 운동 에너지를 전기 에너지로 바꿔 재이용하는 시스템도 등장했다. 이것이 하이브리드 자동차에서 사용하는 회생 제동이다.

프런트 디스크 브레이크

브레이크 자체에서 발생하는 마찰력 ①, 그리고 타이어와 노면 사이에서 발생하는 마찰력 ②. 브레이크는 이 두 가지 마찰력으로 모터사이클을 세운다.

자료 : 스즈키

브레이크가 달려 있지 않은 모터사이클?

브레이크가 없으면 모터사이클을 안전하게 세울 수가 없다. 그래서 설령 원동기장치 자전거라 해도 공공 도로를 달린다면 브레이크를 장비하도록 법률로 의무화되어 있다. 그러나 모든 모터사이클에 브레이크가 장비되어 있는 것은 아니다. 공공 도로를 달리는 모터사이클은 아니지만, 오토레이스에 사용하는 모터사이클에는 브레이크가 달려 있지 않다. 이것은 접근전이 펼쳐지는 오토레이스의 경우 브레이크를 사용해 급감속을 하면 위험하기 때문인데, 속도를 줄이는 수단은 오로지 엔진 브레이크뿐이다.

5-15 디스크 브레이크의 구조
왜 디스크 브레이크만 사용할까?

최초로 디스크 브레이크를 채용한 양산형 모터사이클은 1969년에 등장한 혼다의 'CB750FOUR'였다. 당초 항공기용으로 개발되었던 디스크 브레이크는 모터사이클의 성능 향상에 없어서는 안 될 장비가 되었다. 그리고 약 40여 년이 지난 현재 디스크 브레이크는 슈퍼스포츠부터 소형 스쿠터에 이르기까지 대부분의 모터사이클에 장비되고 있으며, 특히 프런트 브레이크의 경우 디스크 브레이크가 기본이 되었다.

디스크 브레이크의 구조는 아주 단순하다. 휠과 함께 회전하는 브레이크 디스크를 마찰재인 브레이크 패드가 양쪽에서 누르면, 브레이크 패드와 디스크의 마찰로 제동력이 만들어진다. 브레이크 디스크를 집듯이 부착되어 있는 것이 브레이크 캘리퍼로, 브레이크 패드를 디스크에 밀착시키는 역할을 한다.

디스크 브레이크의 가장 큰 특징은 방열성이 좋다는 점이다. 브레이크는 마찰로 열을 발생시키기 때문에 사용할수록 뜨거워진다. 긴 내리막길에서 브레이크를 혹사시키면 과열로 제동성이 크게 저하되는 페이드(fade) 현상이 일어나곤 하는데, 디스크 브레이크는 외부에 노출되어 있어 열을 쉽게 방출한다. 이 덕분에 열이 브레이크에 끼치는 영향을 줄일 수 있다.

외부에 노출되어 있다 보니 당연히 비에 젖기도 쉽지만, 브레이크 디스크에 달라붙은 수분은 원심력 덕분에 떨어져 나가기 때문에 배수성이 좋아 제동력에 거의 영향을 끼치지 않는다. 또 브레이크의 제동력을 조절하기 쉽다는 점도 디스크 브레이크의 특징이라고 할 수 있다.

브레이크 레버와 브레이크 캘리퍼

브레이크 레버

마스터 실린더

브레이크 캘리퍼

브레이크 디스크는 작은 브레이크 패드의 마찰력을 이용하기 때문에 브레이크 디스크를 강하게 조인다. 이때 마스터 실린더로 유압을 발생시킨다.

자료 : 혼다기연공업

기묘하게 생긴 브레이크 디스크

브레이크 디스크는 무조건 원형이라고 생각하기 쉽지만 꼭 그런 것은 아니다. 페탈 디스크라고 부르는 독특한 모양도 있다. '페탈'(petal)은 꽃잎이라는 의미로, 디스크 주위가 물결 모양이어서 이렇게 부른다. 구멍 뚫린 디스크와 마찬가지로 경량화와 방열성 향상, 브레이크 패드의 청소 효과 등이 그 목적이다. 오프로드를 달릴 경우 노출된 디스크 브레이크에 진흙과 오물 등이 달라붙기가 쉬워서 이물질을 제거하기 위해 페탈 브레이크를 사용할 때도 있지만, 특이한 겉모습 때문에 장식용으로도 사용한다.

MOTORCYCLE

5-16 유압식 디스크 브레이크
힘을 키워서 전달하는 유압식 브레이크

프런트 브레이크는 핸들 바 오른쪽의 레버, 리어 브레이크는 발밑의 페달이나 왼쪽의 레버로 조작한다. 레버나 페달을 조작하면 그 힘은 유압 또는 와이어나 로드를 통해 브레이크에 전달되는데, 디스크 브레이크의 경우는 유압식, 드럼 브레이크의 경우는 와이어나 로드를 사용하는 기계식이 일반적이다.

이 가운데 기계식은 자전거에서도 볼 수 있는 단순한 방식으로, 와이어나 로드를 사용해 레버나 페달의 움직임을 전달한다. 한편 유압식은 브레이크 플루이드라고 부르는 작동유의 압력을 이용해 힘을 전달한다.

프런트 브레이크의 경우, 브레이크 레버의 밑동 부분에 있는 마스터 실린더에서 압력을 발생시킨다. 레버를 쥐면 마스터 실린더 속의 피스톤이 움직여 브레이크 플루이드에 압력을 가한다. 그 압력은 브레이크 호스를 통해 브레이크 캘리퍼 속의 피스톤에 전달되며, 밀려난 피스톤이 브레이크 패드를 디스크에 밀착시킨다.

이 구조는 '밀폐된 용기 안의 유체에 압력을 가하면 똑같은 압력이 전체에 전달된다'는 파스칼의 원리를 응용한 것으로, 캘리퍼의 피스톤 면적을 마스터 실린더의 피스톤 면적보다 크게 만들면 브레이크 레버를 조작하는 힘을 증폭할 수도 있다. 또 기계식이든 유압식이든 브레이크 레버나 브레이크 페달은 지레의 원리를 이용해 힘을 키워서 전달한다. 설령 힘이 약한 라이더라 해도 무거운 모터사이클을 정지시킬 만큼의 제동력을 만들어낼 수 있는 것이다.

슈퍼스포츠의 고성능 브레이크 캘리퍼

모노 블록 타입의
브레이크 캘리퍼

캘리퍼는 브레이크의 반력에 변형된다. 이것을 억제하려는 것이 '모노 블록' 타입이라고 부르는 일체형 캘리퍼다.
일반적인 캘리퍼는 캘리퍼 두 개를 사용하는 '분리형'이다.

자료 : 두카티 재팬

대향 피스톤 방식은 어떤 브레이크?

브레이크 캘리퍼에는 플로팅 방식과 대향 피스톤 방식이 있다. 플로팅 방식은 한쪽
브레이크 패드를 캘리퍼로 지탱하고, 다른 쪽 브레이크 패드만을 피스톤으로 미는
방식이다. 한편 대향 피스톤 방식은 브레이크 패드 두 장을 양쪽에서 피스톤으로 미
는 방식이다. 두 방식 모두 브레이크 디스크를 잡는 힘은 같으므로 제동력에 차이가
없을 것처럼 생각되지만, 대향 피스톤 방식이 좀 더 패드의 압력을 균일하게 맞출 수
있기 때문에 우수한 성능을 발휘한다. 그러므로 고성능 모터사이클에는 대향 피스톤
방식의 디스크 브레이크가 적합하다.

MOTORCYCLE

5-17 드럼 브레이크
드럼 브레이크는 디스크보다 제동력이 떨어진다?

이제는 비주류가 되어버린 드럼 브레이크. 하지만 아직도 리어 브레이크를 중심으로 널리 사용되고 있다. 드럼 브레이크는 그 이름처럼 드럼을 사용한 브레이크로, 휠의 중심에 있는 짧은 원통형 브레이크 드럼과 드럼의 뚜껑에 설치한 두 개의 브레이크 슈, 브레이크 슈를 움직이는 브레이크 캠 등으로 구성되어 있다.

드럼 브레이크는 수박 껍질처럼 생긴 브레이크 슈를 브레이크 캠이 바깥쪽으로 밀어서 회전하는 드럼의 안쪽에 밀착시킨다. 이때 드럼이 '밀착되는 쪽에서 받침점 쪽'으로 움직이면 오른쪽 그림에서 보는 것과 같이 브레이크 슈가 드럼에 끌려들어 가는 형태가 되어 가해진 힘 이상으로 커다란 제동력을 만들어낸다. 이것을 자기 배력 작용이라고 하며, 드럼 브레이크의 커다란 특징이라고 할 수 있다. 드럼 브레이크 라고 하면 성능이 떨어진다는 이미지가 있는데, 사실 '제동력'을 높이기에는 유리한 방식이며 나아가 소형·경량에 저비용이라는 이점도 있다.

다만 드럼 브레이크는 열을 외부로 잘 방출하지 못하고 브레이크가 마모되면서 생긴 가루가 쌓이기 쉽다. 물이 들어가면 잘 빠지지 않는 문제점도 안고 있다. 그뿐만 아니라 제동력을 마음대로 조절하기도 어렵다. 그래서 특히 프런트 브레이크의 경우, 일찌감치 디스크 브레이크로 대체된 것이다.

드럼 브레이크의 구조

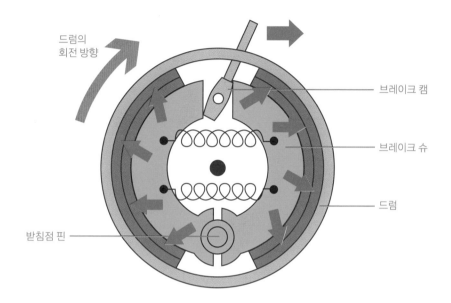

드럼의
회전 방향

브레이크 캠

브레이크 슈

드럼

받침점 핀

브레이크에서 뻗어 나온 암을 당기면 드럼 내부에 있는 브레이크 슈가 바깥쪽으로 펼쳐지듯이 움직여 제동력을
발생시킨다.

참고 : 야마하발동기

드럼 브레이크 같은 디스크 브레이크

과거 혼다의 모터사이클에는 드럼 브레이크처럼 생긴 독특한 디스크 브레이크가 사
용되었다. 이것은 '인보드 디스크'(inboad disc)라고 부르는 브레이크다. 밖에서 보이
지 않도록 브레이크 디스크에 커버를 씌우고, 브레이크 캘리퍼가 통상적인 디스크
브레이크와는 반대로 디스크를 안쪽에서 무는 구조였다. 그리고 브레이크 디스크로
는 일반적인 스테인리스 제품이 아니라 제동감이 좋은 주철 제품을 사용했다. 다만
주철로 만든 디스크는 금방 빨갛게 녹이 스는데, 이 녹을 감추기 위해 인보드로 만들
었다고 한다.

콤비 브레이크
앞뒤 브레이크를 함께 작동시키는 연동형

흔히 "가속하기보다 제동을 걸기가 훨씬 어렵다."라고 한다. 브레이크는 위험 회피를 위해 사용할 때도 많아서 가속할 때처럼 내 운전 방식이 무작정 용납되는 것은 아니기 때문이다. 위험하다 싶을 때 무리하지 않으면 그만인 가속과 달리 제동은 위험하다 싶을 때 더더욱 정밀한 테크닉이 요구된다.

요컨대 제동은 어렵고 위험도 큰데, 앞뒤 브레이크의 조작이 별개인 구조도 라이더를 고민에 빠지게 한다. 앞 브레이크를 강하게 걸면 뒷바퀴가 붕 뜨는 경우도 있듯이 모터사이클은 하중이 앞뒤로 크게 이동하며 타이어의 '바닥을 움켜쥐는 힘'도 심하게 변한다. 따라서 제동을 걸 때는 앞뒤 브레이크를 적절히 사용할 필요가 있다. 하지만 결코 쉬운 일이 아니다 보니 겁이 나서 프런트 브레이크를 사용하지 못하게 된다.

그래서 개발된 것이 앞뒤 브레이크를 함께 작동시키는 콤비 브레이크(전후 연동 브레이크)다. 스쿠터나 대형 투어러 등에 채용되고 있는 브레이크로, 리어 브레이크를 사용하면 프런트 브레이크도 동시에 작동해 제동 균형을 적절히 맞춰주고, 이 덕분에 안전한 제동력을 발휘한다. 또한 브레이크 조작을 실수할 위험성이 줄어들어 모터사이클을 더욱 안전하게 정지시킬 뿐만 아니라 제동 거리를 줄일 수도 있다.

대형 투어러의 연동 브레이크는 앞뒤의 제동 균형과 브레이크의 작동 타이밍 등을 더욱 세밀하게 조절하며, 프런트 브레이크 역시 리어 브레이크와 연동시키는 경우가 있다.

콤비 브레이크의 개념도

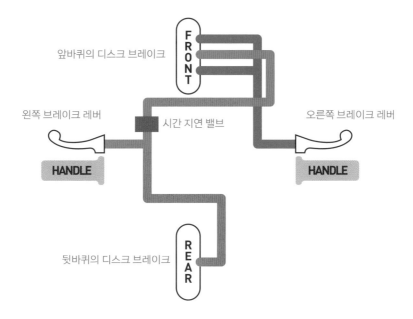

앞바퀴의 디스크 브레이크

왼쪽 브레이크 레버

시간 지연 밸브

오른쪽 브레이크 레버

뒷바퀴의 디스크 브레이크

콤비 브레이크는 자동차의 브레이크와 마찬가지로 브레이크 페달을 밟기만 해도 앞뒤 브레이크를 균형 있게 가동할 수 있다.

자료 : 혼다기연공업

왜 타이어를 잠그면 연기가 날까?

미끄러운 노면에서 브레이크를 세게 잡으면 타이어가 잠기는 경우가 있다. 그러면 타이어는 회전하지 않는 상태로 미끄러지며, 잠긴 타이어와 노면의 마찰력에 모터사이클은 정지하고 만다. 이때 브레이크에 마찰열이 발생하기 때문에 모터사이클의 운동 에너지는 타이어와 노면의 마찰을 통해 열에너지로 변환된다. 그래서 평소에 제동을 걸 때보다 높은 열이 타이어에 발생해 때로는 연기까지 나는 것이다. 물론 트레드는 큰 마찰로 급격히 마모된다.

5-19 ABS(Anti lock Brake System)
브레이크 사용의 공포감을 없애주는 기술

너무 강한 제동력은 타이어의 잠김 현상을 유발하는데, 모터사이클의 경우 이것이 전복 사고로 이어질 수도 있다. 잠겨서 미끄러진 타이어로는 모터사이클의 안정성을 유지할 수 없기 때문이다. 그래서 제동을 강하게 걸 때는 타이어가 잠기지 않도록 조종해야 하는데, 알고는 있어도 쉬운 조작이 아니라는 것이 문제다.

그래서 고안된 것이 제동에 따른 타이어의 잠김 현상을 방지하는 ABS(Anti lock Brake System)다. ABS는 너무 강한 제동압을 자동으로 약화해 잠김 현상을 방지하는 장치다. 휠의 속도를 감지하는 차륜속 센서와 제동압을 조절하는 액압 유닛, 사령탑인 컨트롤 유닛 등으로 구성되어 있다.

휠에 부착된 센서를 통해 잠김 현상을 감지하면 컴퓨터는 잠김 현상을 해소하라는 지시를 보내 제동압을 적절히 조절한다. 그리고 잠김 현상이 해소되면 다시 제동압을 높여서 제동력을 높인다. 이런 조작을 조금씩 반복하면 잠김 현상을 방지하는 동시에 타이어의 '바닥을 움켜쥐는 힘'을 최대한 살리면서 제동을 걸 수 있다.

요컨대 ABS가 있으면 라이더는 그저 제동을 걸기만 해도 전문 라이더 같은 미묘한 브레이크 컨트롤을 할 수 있고, 돌발 상황이나 비가 내려 미끄러운 노면에서도 마음 놓고 확실히 제동을 걸 수 있다.

ABS의 구조

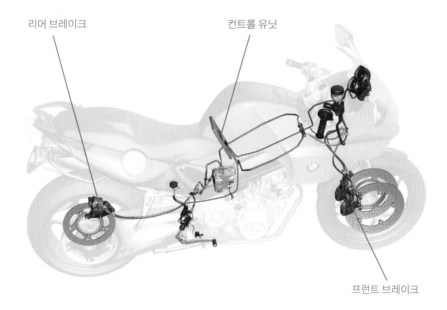

리어 브레이크   컨트롤 유닛

프런트 브레이크

좀 더 일찍 ABS가 개발되었더라면 수많은 라이더가 사고를 피할 수 있었을 것이다. 이런 생각이 들 만큼 효과적인 장치다.

자료 : BMW

잠기지 않아도 타이어는 미끄러진다?

일정한 속도로 달리고 있을 때는 타이어의 회전 속도와 모터사이클의 속도가 같다. 그러나 제동을 걸면 타이어는 미끄러지지 않더라도 회전이 느려진다. 이것은 제동력에 타이어가 변형되기 때문으로, 바퀴의 회전 속도와 모터사이클 속도의 차이를 슬립률이라고 한다. 제동 시의 '바닥을 움켜쥐는 힘'은 슬립률이 20~30퍼센트 정도일 때 가장 크며, 이를 넘어가면 곧바로 타이어가 잠긴다. 그래서 "타이어가 잠기기 직전의 제동력이 가장 크다."라고 하는 것이다. 다만 이렇게까지 슬립률이 커지면 타이어는 외견상이 아니라 실제로 미끄러지기 시작한다.

MOTORCYCLE

모터사이클의 종류

모터사이클은 크게 레플리카, 스쿠터, 비즈니스, 크루저, 네이키드, 투어링, 엔듀로, 모터크로스 등이 있다. 레플리카 또는 스포츠 바이크라고 불리는 모터사이클은 경주용 바이크를 일반 도로 주행에 적합한 성능과 형태를 갖추도록 개량한 것이다. 기본 사양이 일반 바이크보다 높고, 고속 주행에 적합하다.

스쿠터는 가장 흔하게 볼 수 있는 모터사이클이 아닐까 싶다. 두 발을 앞에 두고 탈 수 있는 공간과 수납용 트렁크, 자동 변속기가 있다. 빅 스쿠터, 스포츠 스쿠터, 클래식 스쿠터라는 하위 분류가 있다. 비즈니스는 일명 커브(cub) 스타일 바이크라고 알려져 있으며 조작이 편하고 내구성이 뛰어난 편이다. 그래서 상업용으로 많이 이용한다.

네이키드는 이름 그대로 전면 덮개(카울)가 없는 스포츠 바이크를 가리킨다. 레플리카와 비교해 장시간 운전에 적합하고 조작도 쉽다. 다만 가속 능력이 떨어진다. 할리데이비슨으로 대표되는 모터사이클 장르가 바로 크루저다. 낮은 차체와 높은 핸들, 빅트윈 엔진 등이 특징으로 북미 시장을 중심으로 전 세계적인 인기를 끌고 있다. 장거리 여행에 특화된 모터사이클을 투어링이라고 한다. 큼지막한 수납함과 편한 좌석, 다양한 편의 장치가 특징이다. 보통 배기량이 1,000cc를 초과하는 경우가 많다.

모터크로스는 모터크로스 레이스 전용 바이크를 일컫는다. 다른 오프로드 바이크보다 차체가 가볍고 고출력 엔진을 탑재했다. 철저하게 경기용 바이크이다 보니 강한 서스펜션과 엔진, 프레임을 갖추고 있다. 다만 전조등이 없어 일반 도로에서 주행할 수는 없다. 엔듀로(enduro)는 모터크로스처럼 다양한 오프로드를 달리는 바이크다. 모터크로스보다 출력이 낮아 다루기 쉽고, 일반 도로 주행을 위해 전조등이 달려 있다.

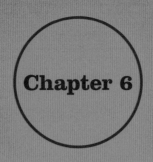

Chapter 6

안전과 친환경

이제 모터사이클에 요구되는 것은 속도와 승차감, 우수한 디자인만이 아니다. 라이더의 생명을 지키기 위한 장치와 환경을 생각한 장치도 필요하다. 이 장에서는 안전과 환경 성능을 고려한 모터사이클을 알아본다.

자료 : 혼다기연공업

현재는 에어백을 탑재한 모터사이클도 있어서 전면 충돌이 일어나면 라이더가 모터사이클의 전방으로 튕겨 나가는 것을 막는다. 사진은 혼다의 골드윙.

6-1 모터사이클의 안전성
모터사이클은 사실 자동차보다 안전하다?

모터사이클은 위험한 탈것으로 알려져 있다. 분명히 사고를 당하면 부상을 입을 위험성이 높으며, 그 점에서는 자동차에 비할 바가 아니다. 그러나 그렇다고 해서 모터사이클이 자동차보다 위험하다고 단언할 수는 없다. 사고를 당하지 않으면 부상을 입을 일도 없기 때문이다. 사고를 당했을 때 어떻게 몸을 지키느냐도 중요하지만, 그 전에 사고를 당하지 않는 것이 중요하다.

안전성은 다음 두 가지를 생각해볼 수 있다. 첫째는 부상 원인이 되는 사고를 방지하는 예방 안전(active safety)이고, 둘째는 사고를 당했을 때의 위험을 방지하는 충돌 안전(passive safety)이다. 충격을 흡수하는 차체가 없고 에어백 같은 안전 장비도 탑재하기 어려운 모터사이클은 충돌 안전을 높이기가 어렵기 때문에 예방 안전을 어떻게 높이느냐가 중요하다.

예방 안전이라고 하면 ABS 같은 안전 장비를 떠올리기 쉬운데, 중요한 것은 얼마나 위험을 쉽게 회피할 수 있느냐이다. 이 관점에서 생각해보면, 작고 가벼운 모터사이클은 움직임이 기민하고 회피 능력이 우수하다. 조종 안정성을 높이면 더욱 안전성을 높일 수 있다. 요컨대 주행 성능을 높이면 안전성도 높아지는 것이다.

그리고 위험을 회피하기 이전에 얼마나 빠르게 위험을 감지할 수 있는가, 얼마나 운전이 쉬운가도 중요하다. 비교적 시점이 높은 모터사이클은 위험을 발견하는 데 유리하며 자동차와 달리 사각지대도 없다. 다만 모터사이클 운전은 라이더의 기량에 크게 좌우되며 누구나 간단히 숙달할 수 있는 것도 아니다. 그러므로 라이딩 스쿨이나 운전학원에서 운전 기술을 향상하는 것이 중요하다.

라이딩 시뮬레이터

도로 위에서 조우하는 위험을 얼마나 예측할 수 있는가, 또 감지할 수 있는가. 라이딩 스쿨에서는 안전과 관련한 기술을 습득할 수 있다.

자료 : 혼다기연공업

보는 것과 보이는 것

안전을 위해서는 먼저 위험을 회피하는 것이 중요하며, 위험을 일찍 감지할수록 빠르고 확실하게 회피 행동을 할 수 있다. 이를 위해서는 주위를 유심히 관찰할 뿐만 아니라 다른 차량의 움직임을 예측하는 것도 중요하다. 그리고 다른 차량이 위험을 감지하게 하는 것도 효과적인 위험 회피 수단이다. 모터사이클의 헤드램프가 낮에도 계속 켜져 있는 것은 바로 이 때문이다. 눈이 부셔서 위험하다는 주장도 일부 있지만, 모터사이클이 다른 운전자의 눈에 띄는 것이 위험을 예방하는 효과가 훨씬 크다.

MOTORCYCLE

헬멧
자신이 찌그러져서 라이더의 머리를 보호한다

자동차는 일부러 차체의 일부가 잘 찌그러지도록 만든다. 그래야 충돌 시 안전성을 높일 수가 있다. 차체를 찌그러트리는 것은 충격을 흡수하기 위함이다. 예를 들어 정면충돌이 일어나면 엔진 룸은 서서히 찌그러지게 되어 있다. 충돌 에너지를 약화해 차내에 있는 사람에게 강한 충격이 전달되지 않도록 하는 조치다. 그런데 사실 모터사이클의 헬멧도 비슷한 구조로 되어 있다.

인간의 머리는 두개골이 뇌를 보호하도록 만들어져 있지만 아스팔트 노면처럼 단단한 곳에 부딪히면 쉽게 깨지고 만다. 그래서 헬멧은 이런 강한 충격이 머리에 전달되지 않도록 충격을 흡수한다. 모터사이클용 헬멧은 셸(바깥 껍질)과 충격 흡수 라이너, 안쪽 껍질의 3층 구조로 되어 있으며, 셸과 라이너가 머리를 보호한다.

라이너는 발포스티롤로 만드는데, 입자가 찌그러지면서 충격을 약화한다. 또한 FRP(섬유 강화 플라스틱)나 ABS 수지 등으로 만든 셸도 파괴되면서 충격을 흡수한다. 요컨대 헬멧은 자신이 부서져서 충격을 완화하며, 따라서 한 번이라도 충격을 받은 헬멧은 다시 사용해서는 안 된다.

이런 구조는 모든 헬멧이 똑같지만, 강도나 충격 흡수성에는 저마다 차이가 있다. 그래서 중요한 것이 헬멧의 규격이다. 어떤 규격을 통과했는지를 보면 안전성을 대략적으로 판단할 수 있다. 또한 헬멧의 모양에 따라서도 안전성에 차이가 있다. 최근에는 라이더들이 멀리하는 경향이 있지만, 머리 전체를 뒤덮는 풀 페이스(full face) 헬멧이 가장 안전하다.

헬멧의 구조와 통풍구

헬멧의 기본적인 구조

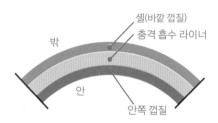

셸(바깥 껍질)
충격 흡수 라이너
밖
안
안쪽 껍질

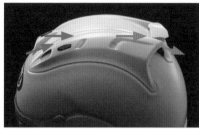

→ : 흡기   → : 배기

헬멧 안에 찬 습기는 불쾌감을 안겨주고 안전에도 문제가 된다. 그래서 고기능 헬멧은 통기성을 좋게 하는 등 쾌적성을 높이고 있다.

자료 : 아라이 헬멧

쾌적성을 높여 사고를 방지한다

헬멧은 전복이나 충돌 등 위험 상황에서 머리를 보호해주는데, 사고를 방지하기 위한 노력도 이뤄지고 있다. 가령 머리를 완전히 뒤덮어 갑갑해보이는 풀 페이스 헬멧의 경우, 통기성을 좋게 하는 방향으로 개량이 진행되고 있다. 이것은 운전 환경을 쾌적하게 하기 위한 방책으로, 라이더의 집중력을 떨어지지 않게 해 안정성을 높이려는 시도다. 이는 재킷이나 부츠 등도 마찬가지다. 한편 그립 히터는 겨울철 추위에 대비해 쾌적성을 높이는 장치이며, 겉모습은 그리 보기 좋지 않지만 핸들 커버도 안전에 공헌한다.

6-3 보디 프로텍터
라이딩 웨어는 모터사이클 특유의 안전 장비

모터사이클은 조금만 부주의해도 넘어져버리는 탈것이지만, 자동차와 달라서 라이더가 외부에 그대로 노출되어 있다. 그래서 라이더는 부상을 방지하고 생명을 지키기 위한 장비를 직접 착용해야 한다. 그 대표적인 장비가 헬멧인데, 라이딩 웨어(riding wear) 역시 중요한 안전 장비라고 할 수 있다.

모터사이클용 의류라고 하면 예전부터 가죽 재킷이나 가죽 슈트 등 가죽으로 만든 옷이 유명했는데, 최근에는 가죽을 대신할 튼튼한 신소재가 많이 개발되었다. 주행 중에 넘어지면 라이더는 노면 위를 구르거나 미끄러지면서 노면과 마찰을 일으킨다. 그래서 튼튼한 옷으로 몸을 감싸 부상을 방지하려는 것이다.

그런데 가죽은 마찰에 대비할 수는 있어도 충격을 흡수하는 능력은 거의 기대할 수 없다. 이 때문에 무릎이나 팔꿈치 등에 충격 흡수 패드를 덧붙이기도 하는데, 생명에 끼치는 위험성을 생각하면 등과 가슴, 배 등에 받는 충격이 더 심각하기 때문에 지금은 등(척추)과 가슴, 허리 등을 보호하는 프로텍터도 보급되고 있다. 누가 봐도 프로텍터임을 알 수 있는 투박한 형태가 아니라 재킷 속에 착용할 수 있는 것도 있어 간단하게 안전성을 높일 수 있다.

또 헬멧과 관련해서 긴급할 때 경추에 부담을 주지 않고 헬멧을 벗길 수 있는 헬멧 리무버나 넘어졌을 때 헬멧의 움직임을 제한해 목에 주는 부담을 억제하는 목 보호대 등 부상을 방지하기 위한 다양한 상품이 개발되고 있다.

라이더를 보호하는 보디 프로텍터

흉부를 보호하는 프로텍터   어깨 패드   척추 패드   팔꿈치 패드

라이딩 웨어는 몸을 보호하는 최후의 보루다. 현재는 무릎이나 팔꿈치뿐만 아니라 가슴이나 목 등을 보호하는 프로텍터도 기본 장비가 되었다.

자료 : 혼다기연공업

헬멧의 규격

'KPS 마크'가 없는 헬멧은 안전하지 않다고 생각하면 된다. 이 마크는 한국 정부가 안전성이 입증된 공산품을 확인했음을 알려주는 안전마크다. 물론 KPS 마크를 받았다고 완벽한 안전을 보장하는 것은 아니다. '헬멧으로 사용할 수 있음'을 나타내는 최소한의 기준에 불과하다. 안전성을 판단하는 국제 기준으로는 '스넬'(SNELL) 규격이 있다. 이 스넬 규격은 세계에서 가장 엄격하다고 알려져 있어 많은 라이더의 신뢰를 받고 있지만, 이 규격을 받은 제품은 그만큼 가격이 만만치 않다.

6-4 에어백 시스템
모터사이클을 위한 독특한 에어백

자동차 에어백은 이제 기본 사양이 되었지만, 모터사이클 에어백은 아직 거의 사용되지 않는 특수 장비다. 이륜차용 에어백을 장착한 최초의 모터사이클은 혼다의 플래그십 모델인 '골드윙'으로, 2006년에 유럽과 미국에서, 그리고 2007년에는 일본에서 판매가 시작되었다.

모터사이클에는 인간을 감싸는 캐빈(cabin, 탑승 공간)이 없으며 시트 벨트조차 없다. 그래서 심하게 충돌하면 라이더는 모터사이클에서 튕겨 나갈 수밖에 없으며, 어딘가에 부딪혀 부상을 입게 된다. 골드윙은 '라이더가 전방으로 튕겨 나갈 만큼의 충격'을 감지하면 에어백을 펼쳐 부상 위험을 줄인다. 센서가 충격을 감지해 에어백이 라이더의 운동 에너지를 흡수하기까지 걸리는 시간은 약 0.15초에 불과하다. 말 그대로 눈 깜짝할 사이에 일련의 동작이 완료되는 것이다.

언뜻 캐빈이 없으면 에어백을 장비한들 무슨 의미가 있겠느냐고 생각할 수 있는데, 그렇지는 않다. 시트 전방의 커버 밑에 수납되어 있는 에어백은 오른쪽 사진처럼 라이더의 앞을 가로막듯이 부풀기 때문에 마치 라이더가 커다란 풍선을 끌어안는 듯한 모습이 된다. 에어백은 충격으로 날아가려는 라이더를 붙잡는 동시에 운동 에너지를 흡수한다. 설령 튕겨 나가는 것을 완전히 막지 못하더라도 어느 정도 운동 에너지를 흡수하기 때문에 자동차나 노면 등에 충돌했을 때 충격이 줄어든다.

모터사이클에 탑재된 에어백 시스템

틩겨 나가려는 라이더를
막는 에어백

일반적인 모터사이클에는 아직 에어백이 장비되어 있지 않다. 모터사이클의 구조를 생각하면 단시일에 보급되기는 어려울 듯하다.

자료 : 혼다기연공업

입는 에어백

에어백을 장착한 모터사이클은 아직 극소수이지만, 모터사이클이 아니라 라이더에게 장비하는 에어백이라면 어떤 모터사이클을 타더라도 사용이 가능하다. 말하자면 '입는 에어백'인데, 재킷에 들어 있는 작은 에어백이 등이나 목 등을 충격으로부터 보호해준다. 라이더가 모터사이클에서 벗어나면 에어백이 부풀도록 되어 있어서 충돌했을 때뿐만 아니라 넘어졌을 때도 작동한다. 옷처럼 입는 에어백은 2000년대 초반에 등장했는데, 최근에는 목 주위만을 보호하는 에어백도 사용되고 있다.

MOTORCYCLE

6-5 배기가스 정화 장치
배기가스를 깨끗하게 바꾸는 원리

휘발유를 효과적으로 연소시키면 주성분인 탄화수소(CH)가 산소(O_2)와 반응해 이산화탄소(CO_2)와 물(H_2O)이 생긴다. 그런데 휘발유와 공기의 균형(공연비)이 무너지면 일산화탄소(CO), 탄화수소, 질소산화물(NO_X) 등 배기가스 규제 대상이 되는 유해 물질이 만들어진다.

탄화수소는 휘발유의 비율이 너무 높거나 반대로 너무 낮아서 제대로 연소되지 않을 때 발생한다. 또 일산화탄소는 휘발유의 비율이 너무 높아서 산소 부족으로 불완전 연소가 일어나면 발생한다. 그리고 연소될 때 발생한 열 때문에 공기 속의 질소와 산소가 결합한 질소산화물이 생긴다. 온도가 높을수록 잘 생기기 때문에 휘발유가 제대로 연소되면 대량으로 발생하는 골치 아픈 물질이다.

이런 유해 물질을 제거하는 장치가 배기가스 정화 장치로, 예를 들면 배기 포트에 공기를 공급하는 이차 공기 공급 장치가 있다. 이것은 산소를 추가로 공급해 탄화수소와 일산화탄소를 재연소시켜 이산화탄소와 물로 바꾼다. 다만 질소산화물에는 효과가 없다.

그래서 일산화탄소와 탄화수소, 질소산화물까지 줄여주는 촉매 변환기를 사용하는데, 세 가지 물질을 전부 처리할 수 있기 때문에 삼원 촉매라고 한다. 촉매 변환기는 배기 파이프의 내부에 들어 있는 배기가스 정화용 필터다. 일산화탄소와 탄화수소는 이산화탄소나 물로 바꾸고 질소산화물은 질소로 바꿔서 배기가스를 깨끗하게 바꾼다.

배기 파이프 속에 들어 있는 촉매 변환기

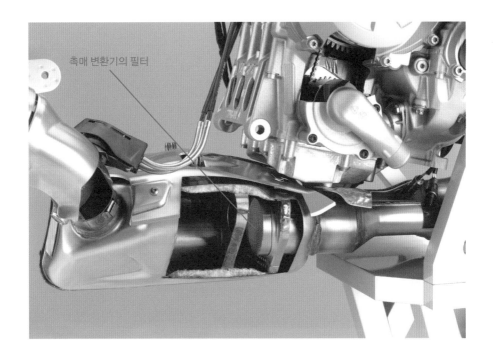

촉매 변환기의 필터

점점 촉매를 장착하는 경우가 늘고 있지만, 지구 온난화를 일으키는 주된 원인으로 알려진 배기가스 속의 이산화탄소는 촉매로 제거할 수 없다는 점이 아쉽다. 사진은 BMW 'S1000RR'의 배기 시스템.

자료 : BMW

촉매 변환기의 원리

촉매 변환기의 필터는 세라믹이나 금속으로 만든 벌집 구조로 되어 있다. 표면에 촉매인 백금과 팔라듐, 로듐 등이 코팅되어 유해 물질을 정화한다. 촉매 변환기는 질소산화물에서 산소를 빼앗아(환원) 그것을 일산화탄소나 탄화수소와 반응(산화)시킨다. 반응을 효과적으로 진행하기 위해서는 산소가 너무 많거나 적어도 곤란하기 때문에 공연비를 미묘하게 조절해야 한다. 그래서 공연비를 정밀하게 조절할 수 있는 인젝션이 배기가스 정화에 유리하다.

199

6-6 하이브리드 시스템
에너지 효율을 높이는 친환경 기술

하이브리드 자동차는 단순히 연비만 좋은 것이 아니라 '전기로 달리는' 자동차의 친근한 이미지를 대중에게 알린 획기적인 탈것이었다. 그래서인지 수많은 친환경 자동차 중에서도 독보적인 인기를 끌었으며, 지금도 여러 이유 때문에 가장 판매가 좋다.

하이브리드 시스템은 엔진과 모터라는 다른 동력원을 조합해 연비를 향상한다. 가령 발진이나 가속을 할 때는 효율이 떨어지는 엔진을 모터로 보조하고, 모터가 힘을 제대로 발휘하지 못하는 고속 영역에서는 주로 엔진으로 달린다. 그리고 감속을 할 때는 모터(발전기)를 브레이크로 이용하는 회생 제동을 사용해, 일반 브레이크에서는 열로 바뀌어 버려지는 에너지를 전기로 바꿔 회수한다. 요컨대 하이브리드 시스템은 엔진과 모터를 적절하게 이용해 에너지 효율을 높이고, 결국 엔진이 사용하는 연료를 줄인다.

그런데 자동차와 달리 모터사이클과 하이브리드 기술은 그리 상성이 좋다고 말할 수 없다. 먼저, 공간이 한정되어 있는 모터사이클에는 모터나 배터리를 추가하기가 어렵다. 괜히 무리하게 추가했다가는 오히려 낭비가 될 수 있다. 그리고 연비가 향상되더라도 비용 상승으로 모터사이클의 가격도 오르기 때문에 자동차와 달리 연비 문제로 고민하는 라이더가 적다는 점을 생각하면 그다지 매력적이라고 할 수 없다. 좀 더 단순하고 비용이 적게 드는 시스템이 등장한다면 모르겠지만 말이다.

하이브리드 모터사이클

야마하 'LUXAIR'

하이브리드 시스템은 두 개의 동력원을 탑재하는 비효율적인 시스템이지만 그 비효율을 능가하는 효율을 실현한다.

자료 : 야마하발동기

모터사이클의 아이들링 스톱

교차로에서 신호를 기다리거나 도로 정체일 때 무의미한 아이들링을 멈춰 불필요한 연료 소비를 막는 것이 '아이들링 스톱'이다. 노선버스처럼 자동으로 아이들링을 멈추는 기구가 달려 있다면 좋겠지만 모터사이클은 기본적으로 수동 조작을 한다. 자동차의 경우 엔진과 함께 에어컨도 꺼지기 때문에 여름에는 곤란을 겪기도 하지만 모터사이클은 오히려 그 반대다. 아이들링 스톱은 엔진에서 올라오는 열기를 억제하는 효과도 있기 때문에 이미 많은 사람이 실천하고 있다.

MOTORCYCLE

6-7 바이오매스 연료
모터사이클의 엔진은 술을 넣어도 작동한다?

모터사이클의 연료는 왜 휘발유일까? 옛날부터 휘발유를 사용했고, 또 휘발유보다 좋은 연료가 없기 때문이다. 액체 연료인 휘발유는 다루기가 쉽고 알코올에 비해 중량당 에너지 밀도가 높아서 비교적 소량으로도 충분한 거리를 달릴 만큼의 에너지를 얻을 수 있다. 그러면서 가격도 저렴하니 휘발유를 능가하는 연료가 그리 쉽게 나타나지 않는 것이다.

그런데 그런 휘발유에도 치명적인 결점이 있다. 화석 연료인 원유에서 만들어진다는 점이다. 화석 연료를 파내거나 태우는 것은 온실 효과 가스인 이산화탄소가 증가함을 의미하며, 그 결과 지구 온난화를 촉진한다. 그래서 휘발유를 대신할 연료로 주목받고 있는 것이 식물을 주된 원료로 삼는 바이오매스 연료다. 바이오매스 연료도 태우면 이산화탄소를 배출하지만, 이것은 따지고 보면 식물이 흡수한 것이며 다른 식물이 다시 흡수할 수 있다. 그래서 이론상으로는 이산화탄소의 배출량을 사실상 제로로 볼 수 있으므로 온난화 방지에 효과가 있다고 평가받고 있다. 이런 개념을 탄소 중립이라고 부른다.

바이오매스 연료로는 바이오에탄올이 유명하다. 에탄올은 술에 들어 있는 알코올로, 다양한 곡물 또는 목재 등으로 만들 수 있다. 액체 연료인 에탄올은 휘발유와 똑같이 사용할 수 있으며 또한 휘발유 엔진을 조금만 손보면 그대로 쓸 수 있기 때문에 큰 기대를 모으고 있다. 일정량의 에탄올을 휘발유에 섞어서 사용하는 것이 보통인데, 전량 에탄올을 사용하는 경우도 있다.

바이오매스 연료를 이용하는 모터사이클

혼다 'CG150 TITAN MIX ESD'

사진은 플렉스 연료 기술을 채용한 세계 최초의 모터사이클이다. 바이오에탄올과 휘발유를 자유롭게 섞어서 사용할 수 있다.

자료 : 혼다기연공업

바이오휘발유

일본은 바이오에탄올로 만든 ETBE라는 연료를 소량 섞은 '바이오휘발유'의 시험 판매를 종료하고 본격적으로 바이오매스 연료를 도입하는 단계로 넘어간 상태다. 사실 일본은 바이오매스 연료와 관련해서는 개발도상국이다. 휘발유에 대한 에탄올의 혼합률은 'E○○'으로 표기한다. 미국 등지에서는 엔진을 손보지 않아도 사용할 수 있는 'E10'(10퍼센트)이 많이 사용되고 있고, 에탄올 선진국인 브라질에서는 'E20' 'E25'가 일반적이다. 또한 다양한 혼합률에 대응할 수 있는 '플렉스 자동차'도 있으며, 최근에는 플렉스 모터사이클도 발매되었다.

MOTORCYCLE

6-8 전동 모터사이클
고성능 배터리가 관건이다

최근 들어 잡지와 인터넷상에서 '전동 스쿠터의 개발·판매에 뛰어든 벤처 기업' 같은 기사를 종종 볼 수 있다. 그들이 취급하는 전동 스쿠터는 중국 제품을 개량한 것, 일본에서 설계·개발해 중국에 생산을 위탁한 것 등 다양한데, 환경 보호에 관심이 높아지는 가운데 주목을 받고 있다.

전동 스쿠터는 엔진 대신 모터를 사용하기 때문에 배기가스의 대기 오염을 방지하고 원유 사용량을 줄일 수 있으며 나아가 스쿠터에서 배출하는 이산화탄소의 양을 억제할 수도 있다. 이렇게 보면 좋은 점만 있는 것 같지만, 사실 전기 자동차와 마찬가지로 만족스러운 제품을 만드는 것은 결코 간단한 일이 아니다.

가장 큰 문제는 배터리다. 현재 배터리는 용량이 너무 작아 만족스러운 항속 거리를 얻을 수 없으며, 또 충전에 몇 시간씩 걸린다는 고민을 안고 있다. 가격이 저렴한 납 배터리는 용량이 작아서 배터리를 대량으로 탑재해야 하기 때문에 비현실적이다. 한편 리튬이온 전지 같은 고성능 배터리는 가격이 너무 비싸서 쓸 수가 없다.

그래서 현재 판매되고 있는 전동 스쿠터는 항속 거리를 욕심내지 않고 힘도 줄여서 배터리의 부담을 줄인 제품이 대부분이다. 따라서 용도는 단거리로 제한되며, 이용하려면 어느 정도 궁리가 필요하고 또 자주 충전을 해줘야 한다. 그러나 앞으로 고성능 배터리의 가격이 하락하면 이야기는 달라진다. 일반 모터사이클처럼 장거리 주행은 무리더라도 스쿠터 같은 도심형 이동 수단으로는 충분히 만족스러운 제품이 등장할 것이다.

전기로 달리는 모터사이클

혼다가 발표한 전기 스쿠터의 콘셉트 모델 'EVE-neo'. 충전기에는 100볼트 충전기와 200볼트 급속 충전기가 있으며, 차체의 측면에서 충전한다.

야마하가 발표한 전기 이동 수단 'EC-f'(위)와 'EC-fs'(아래). 배기가스를 배출하지 않기 때문에 머플러가 없다.

자료 : 혼다기연공업 (좌) / 야마하발동기(우)

중국에서는 전동 자전거가 인기

중국의 도시 지역에서는 자동차나 모터사이클이 급증함에 따라 교통사고와 소음, 배기가스의 대기 오염 등이 큰 문제가 되고 있으며, 그 결과 많은 도시에서 모터사이클의 사용이 금지되었다. 그래서 대용품으로 등장한 것이 전동 자전거로 이미 수천만 대가 팔릴 만큼 인기를 모으고 있다고 한다. 전동 자전거는 모터사이클과 다른 장르이고 최고 속도 등에 규제도 있지만, 전동 자전거를 통해 기술력을 높여 수출용 전동 스쿠터를 만들고 일본에 수출까지 한 제조 회사도 있다.

차세대 모터사이클
휘발유 엔진의 뒤를 이을 동력원은?

화석 연료의 고갈이나 지구 온난화 문제가 있다고 해도 지금 당장 휘발유 사용을 금지하는 일은 불가능하다. 따라서 얼마 동안은 휘발유 엔진이 주역일 수밖에 없지만, 미래에는 엔진이 아니라 모터로 달리는 모터사이클이 늘어날 것이다. '모터사이클은 엔진을 써야 제 맛인데.'라고 생각해도 원유 가격이 급등하고 공급 부족 사태라도 벌어진다면 방법이 없다.

모터로 달린다고 하면 전동 모터사이클이라는 말인데, 이미 소개했듯이 그 성패는 배터리의 발전에 달려 있다. 그래서 기대를 모으고 있는 것이 연료 전지를 사용한 모터사이클이다. 전동 모터사이클이 '배터리에 축적해놓은 전기'를 사용하는 데 비해 연료 전지 모터사이클은 '연료 전지에서 만든 전기'를 사용한다. 양자의 차이는 전기 공급 방법에 있다.

연료 전지는 수소와 산소를 반응시켜서 전기를 만드는데, 전지라고는 해도 건전지나 배터리와 달리 수소와 산소를 공급하면 전기를 계속 만들어낸다. 그리고 물만 배출하기 때문에 매우 깨끗한 발전 장치다. 요컨대 연료 전지 모터사이클은 전기를 만들면서 달리는 전동 모터사이클인데, 수소는 휘발유처럼 간단히 탑재할 수 없다는 문제가 있다. 여기에 비용도 문제다. 현재 연료 전지는 귀금속을 촉매로 사용하기 때문에 비싼 가격이 커다란 장해물이다.

그러나 모터사이클은 비용 문제가 자동차만큼 심각하지 않으며, 장거리 주행을 전제로 하지 않는 소형 모터사이클이라면 실용화도 어렵지는 않은 듯하다. 그리고 힘이나 항속 거리도 배터리를 사용하는 전동 모터사이클보다 우수한 제품을 만들 수 있다고 한다.

연료 전지를 사용하는 스즈키의 모터사이클

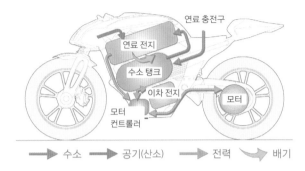

연료 충전구
연료 전지
수소 탱크
이차 전지
모터
모터 컨트롤러

➡ 수소　➡ 공기(산소)　➡ 전력　⤷ 배기

수소를 연료로 사용하는 '크로스케이지'.

스즈키의 연료 전지 스쿠터 'BURGMAN FUEL CELL SCOOTER'. 크로스케이지의 기술을 스쿠터에 담아 더욱 현실감 있는 모터사이클을 만들었다.

자료 : 스즈키

수소로 움직이는 엔진

배터리를 사용하든 연료 전지를 사용하든 전기로 달리는 모터사이클은 이산화탄소의 배출량이 제로가 된다. 그러나 동력원이 모터로 바뀜에 따라 엔진이 전해주는 특유의 즐거움이 사라져버린다는 아쉬움이 있다. 그래서 자동차 업계에서는 수소 엔진도 개발하고 있다. 수소 엔진은 휘발유나 경유 등을 대신해 수소를 연소시켜 동력을 얻는 엔진으로, 연료에 탄소가 들어 있지 않기 때문에 이산화탄소가 발생하지 않는다. 연료 전지와 마찬가지로 수소를 어떻게 탑재할 것인가라는 문제가 남아 있지만, 다이내믹한 주행을 즐기는 모터사이클에는 이쪽 방식이 더 적합할지도 모른다.

MOTORCYCLE

참고문헌

《도해 잡학 모터사이클의 신비》 모터사이클기술연구회, 나쓰메사, 2008년

《신 그림으로 이해하는 모터사이클의 메커니즘》 오가와 나오키, 신켄신문사·어스공방, 2008년

《도해 잡학 모터사이클의 구조》 가미야 다다시 감수, 나쓰메사, 2007년

《타이어의 과학과 라이딩의 비법》 와카야마 도시히로, 그랑프리출판, 2003년

《자동차 정보 사전 다이샤린》 산에이서방, 2003년

《모터사이클의 메카닉 입문》 쓰지 쓰카사, 그랑프리출판, 1999년

《보쉬 자동차 핸드북》 로버트 보쉬 GmbH, 오구치 야스헤이 감수, 슈타르재팬, 1999년

《엔진의 과학 입문》 세나 도모카즈·가쓰라기 요지, 그랑프리출판, 1997년

《도해 모터사이클 공학 입문》 와카야마 도시히로, 그랑프리출판, 1994년

《엔진은 이렇게 되어 있다》 GP기획센터, 그랑프리출판, 1994년

《도해 모터사이클의 메커니즘》 와카야마 도시히로, 그랑프리출판, 1992년

찾아보기

옮긴이 김정환

건국대학교 토목공학과를 졸업하고 일본외국어전문학교 일한통번역과를 수료했다. 21세기가 시작되던 해에 우연히 서점에서 발견한 책 한 권에 흥미를 느끼고 번역의 세계로 발을 들여, 현재 번역 에이전시 엔터스코리아 출판기획 및 일본어 전문 번역가로 활동하고 있다.

경력이 쌓일수록 번역의 오묘함과 어려움을 느끼면서 항상 다음 책에서는 더 나은 번역, 자신에게 부끄럽지 않은 번역을 할 수 있도록 노력 중이다. 공대 출신의 번역가로서 공대의 특징인 논리성을 살리면서 번역에 필요한 문과의 감성을 접목하는 것이 목표다. 야구를 좋아해 한때 imbcsports.com에서 일본 야구 칼럼을 연재하기도 했다.

역서로 《비행기 조종 교과서》《자동차 정비 교과서》《자동차 구조 교과서》《자동차 첨단기술 교과서》《경영에 불가능은 없다》《손정의 열정을 현실로 만드는 힘》《회사는 어떻게 강해지는가》 등이 있다.

모터사이클 구조 원리 교과서
라이더의 심장을 울리는 모터바이크 메커니즘 해설

1판 1쇄 펴낸 날 2023년 6월 15일

지은이 이치카와 가쓰히코
옮긴이 김정환
감수 조정호
주간 안채원
책임편집 윤대호
편집 채선희, 윤성하, 장서진
디자인 김수인, 이예은
마케팅 함정윤, 김희진

펴낸이 박윤태
펴낸곳 보누스
등록 2001년 8월 17일 제313-2002-179호
주소 서울시 마포구 동교로12안길 31 보누스 4층
전화 02-333-3114
팩스 02-3143-3254
이메일 bonus@bonusbook.co.kr

ISBN 978-89-6494-632-9 03550

• 이 책은 《모터바이크 구조 교과서》의 개정판입니다.
• 책값은 뒤표지에 있습니다.

자동차 교과서 시리즈

마니아와 오너드라이버를 위한 자동차 지식

전문가에게 절대 기죽지 않는
자동차 마니아의 메커니즘 해설

자동차 구조 교과서

아오야마 모토오 지음 | 224면

[스프링북]
버튼 하나로 목숨을 살리는

자동차 버튼 기능 교과서

마이클 지음 | 128면

자동 세차에 만족하지 않는 드라이버를 위한
친환경 디테일링 세차 기술 해설

자동차 세차 교과서

성미당출판 지음 | 150면

전기차·수소연료전지차·클린디젤·
고연비차의 메커니즘 해설

자동차 에코기술 교과서

다카네 히데유키 지음 | 200면

도로에서 절대 기죽지 않는
초보 운전자를 위한 안전·방어 운전술

자동차 운전 교과서

가와사키 준코 지음 | 208면

카센터에서도 기죽지 않는
오너드라이버의 자동차 상식

자동차 정비 교과서

와키모리 히로시 지음 | 216면

전문가에게 절대 기죽지 않는
마니아의 자동차 혁신 기술 해설

자동차 첨단기술 교과서

다카네 히데유키 지음 | 208면

테슬라에서 아이오닉까지 전고체 배터리·인휠
모터·컨트롤 유닛의 최신 EV 기술 메커니즘 해설

전기차 첨단기술 교과서

톰 덴튼 지음 | 384면

라이더의 심장을 울리는
모터바이크 메커니즘 해설

모터사이클 구조 원리 교과서

이치카와 가쓰히코 지음 | 216면